基礎から学ぶ
森と木と人の暮らし

NPO法人共存の森ネットワーク 企画
鈴木京子 赤堀楠雄 浜田久美子 著

農文協

目次

※1章では暮らしの視点から、樹木と染料植物の名前を和名カタカナだけでなく、漢字でも表記しました。

プロローグ

■森と向き合う暮らし

みなさんは、森というと、どんな風景を思い浮かべますか。

たとえば、新緑の季節。東北の森は柔らかな緑に包まれます。一口に緑といっても、ブナ、ナラ、カエデ、トチなど樹種によって、新芽の色は違います。白っぽいもの、赤みがさしたもの、黄色がかったもの。その微妙な色の違いが、森に多様な樹種があることを教えてくれます。

森は、はるか縄文時代から、私たちのいのちを支えてきました。たとえ米が１粒もとれなくても、トチやクリの実がその不足を補いました。だからこそ、トチやクリの口明け（その年、初めての収穫）には、秋の１日を定めて、村じゅうの人が一斉に採りに行くのです。森の恵みは、みんなのもの。すべての人が平等に、森に生かされ、生きてきました。

森はまた、薪などの燃料を得るためにも必要不可欠でした。山形県飯《いい》豊《で》町の中津川地区では、燃料林として１戸当たり４町歩の広葉樹の森が必要だと昔から言い伝えられています。なぜ４町歩かというと、年間に使用する薪を採るためには１戸当たり約１反歩の広さの森が必要で、それを毎年、順繰りに伐採していくからです。広葉樹の切り株からは再び芽が出て、木は生長します。数十年後には森は元の姿に戻り、木材資源は枯渇することなく、持続的に利用できるのです。

森の生長量と人びとの暮らしは、見事にバランスが保たれていました。

■木を育てる技術

一方、日本には、山全体が整然と深い緑に覆われた風景もあります。歴史の古い林業地域の１つである奈良県川上村では、樹齢 300 年以上の吉野杉も見ることができます。天高く伸びるスギ林の、凛と静まり返った風景には、それが人の手でつくられた風景であるにもかかわらず、ある種の神々しさを感じます。

吉野杉の年輪は非常に密で、しかも等間隔に刻まれています。その美しさは建築材としてはもちろん、樽材として最適だといわれています。

樽は、複数のスギ板を円筒状に組み合わせてつくります。スギ板は年輪に沿った「板目」の方向に材をとりますが、それぞれの板に年輪が細かく入っていることによって、耐久性の強い樽ができるのです。

そのような上質な木を育てるためには、独自の林業技術も必要でした。吉野の場合、苗木は1ha当たり5000本以上という、他地域に比べるとかなり密な状態に植えます。若いころは木の生長を抑え、ある程度大きくなると、お互いに窮屈にならないように間伐していきます。間伐した森には太陽の光が入り、木はゆっくりと生長します。人びとは100年以上かけて、その生長を見守りながら、木を日々の暮らしの中に活かしてきたのです。

■木と話をし、森の声を聞く

森とともに育まれた知恵や技術。それは先人たちが日々、森や木と向き合う中で育まれ、受け継がれてきたものです。

木を扱う職人さんや、長年林業に携わってきた方と話をすると、みなさん、異口同音にいう言葉があります。「木と話をせんことにはわかりません」。

もしかしたら、都市に暮らす人や若い人たちは、これまで木や森と直接向き合う機会は少なかったかもしれません。けれども、木や森のことをもっと知りたいと思っている人は、多いのではないでしょうか。

そんな気持ちに応える本をつくりたい。そう考えて、友人の鈴木京子さん、赤堀楠雄さん、浜田久美子さんに声をかけ、この本を執筆いただきました。

１章は、森と木と衣食住のつながりを、具体的な事例から紹介します。２章は、木という素材の特徴や面白さに焦点をあてました。３章は、日本と世界の森について、その多様さをみつめます。そして４章では、ある農林家の生き方を通して、森を育ててきた日本人の歴史を振り返りながら、林業の現場をレポートしました。読者のみなさんの関心に応じて、どの章から読んでいただいても構いません。

この本を読み終えたら、少し木の見え方が違ってきた、森の中を歩きたくなった、将来は木の家に住んでみたい、そんなふうにみなさんの中で何かが変わり、森や木とともにある豊かさを感じられるとしたら、うれしく思います。

2010年1月

NPO法人共存の森ネットワーク事務局長　吉野奈保子

1章 暮らしの中の森と木

この章では身の回りの「モノ」を通して、森と人の関係を見ていきます。人が森にどのようにかかわり、知恵や技を蓄積し、恵みを得てきたのか、衣食住を通して見てみましょう。

（写真提供／奥田高文氏）

1 森の恵みでできた家

■日本の家は木造が基本

日本の建築は古代から近世までずっと「木造」でした。とくに住宅は、鉄骨や鉄筋コンクリートなど非木造が多くなった現在でも、新規着工されるうちの約半数が木造です（戸数で 47.4%、床面積で 57.2%、「平成 20 年度建築着工統計」）。内閣府の調査では、「新たに家をもつとしたら」の問いに 83%の人が「木造を希望する」と答えています（「森林と生活に関する世論調査 」2007 年）。日本の家づくりに木は欠かせないものでした。

■豊富な樹種と適材適所

適切な人材起用を「適材適所」といいますが、これは大工仕事における木の使い方から生まれた言葉です。

南北に長い日本には、亜熱帯から亜寒帯までの幅広い気候帯が存在し、世界でも有数の多様な森が広がっています（3 章②参照）。そこに育つさまざまな木を 1 本 1 本の特性を最大限に生かせる形で使うこと。それが大工仕事における「適材適所」です。たとえば「重硬で水や湿気に強いクリ（栗）は家の土台に」「強度があって木目の美しいケヤキ（欅）は大黒柱に」などのように樹種の特徴を生かします。さらに、木は同じ樹種であっても育った場所や環境によって 1 本 1 本が違う癖をもつので、それを見極め、その癖が長所となる使い方をします。

家を建てるときの木材は、今ではすでに柱や板に製材された形で購入することがほとんどですが、かつては建主が自分の山から伐り出したり、山に出向いて立ち木（地面に根を張っている状態）のまま買ったりしていました。ですから、「この柱は△△山の東の斜面で育った」など、その木の生い立ちが語り継がれたり、山にあったときの写真を残していることもありました。家を支えているのは、そこに暮らす人たちのよく知った山で育った木であり、その地方ごとに特性のある豊富な樹種が使われたのです。

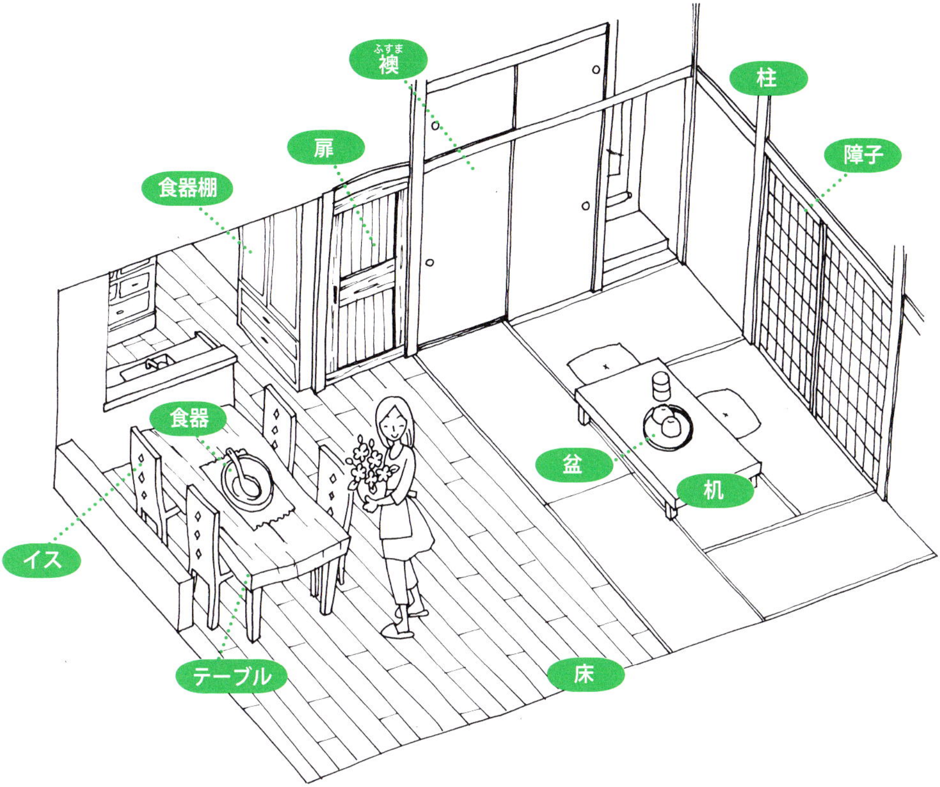

【森の恵みと家】
柱のほかにも障子や襖《ふすま》、家具、食器など、家の中にはたくさんの森の恵みがある

木表と木裏

　切断面が年輪の中心を通らない板には、樹皮側の木表と芯側の木裏があり、反りの方向や繊維の出方に違いがあります。床板では、木裏を上にすると木目の繊維がささくれ立って足触りも悪く掃除もしにくいので、木表を上向きに使います。反対に、能舞台では足踏みの音を響かせるなどの理由で木裏を上向きに使います。

2 伝統的木造建築の仕組みと技術 ——継手《つぎて》と仕口《しくち》

日本の伝統的な木造建築は、柱を立て、桁や梁でつなぎ、垂木を並べて屋根をつくるというものです。土台、柱、桁、梁などの骨組みによって建物全体を支えるので、「軸組構造」と呼ばれます。この仕組みで建てられる日本の木造建築のポイントは「木と木を組む」ことにありました。

■金具なしでも木を組む日本の大工技術

戦後になって大工技術を簡便化し、筋かいや金属などで補強する建て方が一般化しましたが、それまでの日本の木造建築は、原則的に釘などの金属類は使わずに材の固定や結合をしました。釘を使わずにどうやって固定するかというと、凹凸をつくって組み込むのです。この技術が日本の大工技術の粋といわれる継手と仕口です。

継手とは、長い材が必要なとき、２本以上の材をつなぎ合わせて１つの材をつくることです。仕口は、柱と梁など、２つの材を角度をつけて接合することです。どちらも材を切ったり削ったりして凹凸を細工し、接合部分がわからないほどぴったりとつなぎます。継手・仕口ともに、凹凸の形や組み方によって数十もの種類があり、居住性や装飾性の追求、塔など建築物の大型化などを背景に発展してきました。仕口は弥生時代中後期の竪穴住居や高倉にも使われていました。

この継手や仕口は、木を使うことのデメリットから生まれ、木のもつメリットによって育てられた技術といえます。なぜなら、木が工業製品のように、同じ質のものを思い通りの形や大きさで必要なだけ確保できる材料であれば、継手や仕口を施す必要はないからです。長さや形に制約のある木という材料と向き合う中で、必然的に生み出された技術なのです。また、凹凸をぴったり合わせることができるのは、金属と違ってめり込みや収縮が可能な材料だからこそです（2章⑨参照）。

■ 1300 年を耐え抜く耐震性

伝統的な木組みによる木造建築の特徴の１つは、組み直しができるということです。材の結合に金属類を使わないので、結露によるサビで金属部分が折れたり

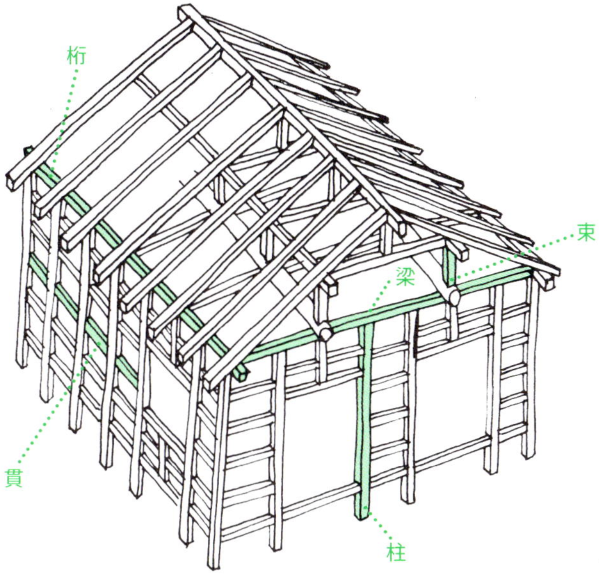

【伝統的木造建築の骨組み】
柱、桁、梁、貫《ぬき》、束《つか》などの骨組みで全体を支え、
接合部には継手・仕口の技術が使われた

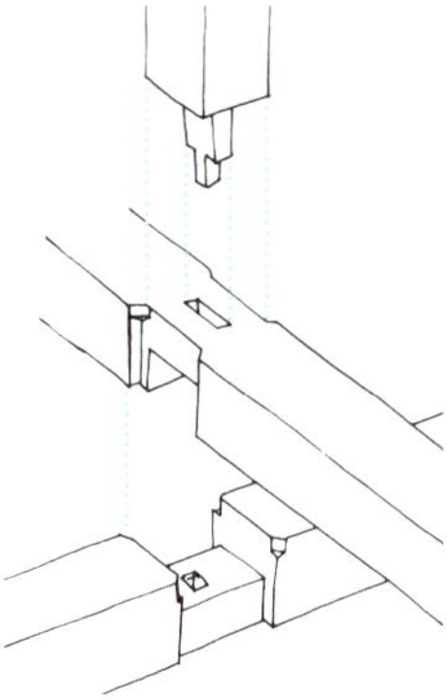

【仕口の一例】

抜けたりすることがなく、どこかが破損したとしても、その部材を交換して修繕ができます。また、移築したり、材を再利用することも可能です。

そして、もう１つは耐震性です。

仕口部分は、見た目はぴったりでも、かなり自由のきく接合です。地下から伝えられた地震のエネルギーは、仕口での摩擦やめり込みによって少しずつ吸収され弱まっていきます。法隆寺の五重塔が台風や地震の多い日本で 1300 年以上もの間、同じ姿で立ち続けていられるのは、たくさんの仕口がもたらす耐震性と、繰り返し修繕できる仕組みがあったからといわれます。

精巧な継手・仕口の技術は社寺建築の特徴のように見られがちですが、現存資料による比較が可能な近世に限れば、社寺建築と民家建築に使われた継手・仕口にほとんど差はないとされます。しかし残念ながら、戦後の建て方ではそうしたよさが十分に生かされておらず、再評価のための研究も行われています。

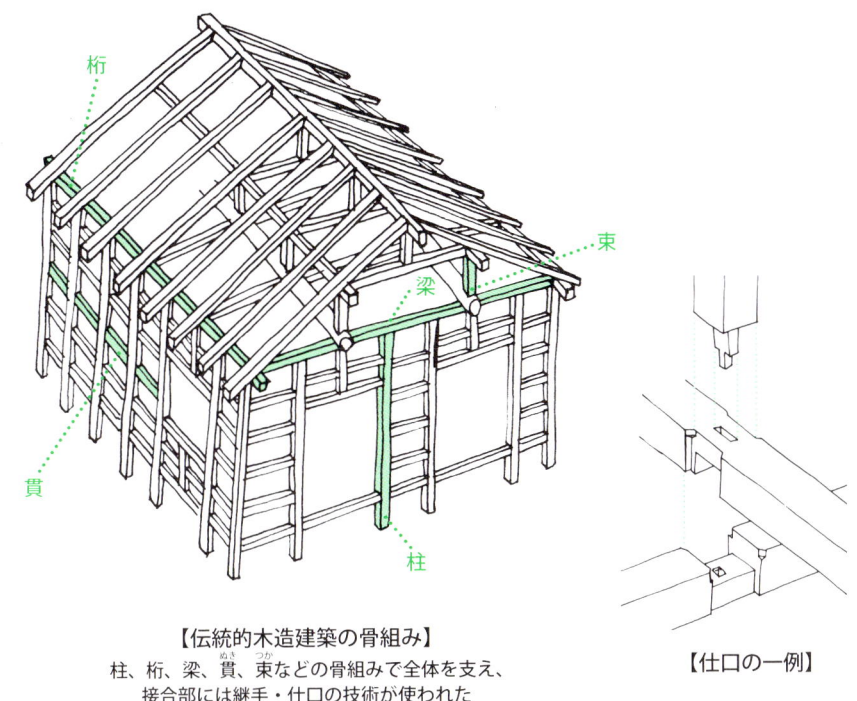

3 屋根——茅葺き、板葺き

ススキやヨシなどで葺く茅葺き、ヒノキ（檜）の皮の檜皮《ひわだ》葺き、スギ（杉）の皮の杉皮葺き、スギなどの薄い板で葺く板葺きなど、屋根もその他の建材と同様、その地方に資源として豊富にあり、屋根材として気候風土に合ったものが、独自の技術とともに使われてきました。

■茅葺き屋根の耐久年数は20年以上

日本の民家で古くから主流だったのは茅葺き屋根です。屋根材としての歴史は縄文時代にまで遡ります。通気性に優れているので囲炉裏などの排煙に都合がよく、またその煙に茅がいぶされて防腐や防虫にもなりました。材料にはススキのほか、オギ、ヨシ、チガヤ、カルカヤ、スゲなども使われます。茅とは、これら屋根を葺くための背の高い草の総称なのです。

生命力が強く毎年刈り取ってもまた生えるススキは、家畜の飼料や畑作の資材などにも使われ、ススキを刈るための茅場という専用の場所もありました。屋根に使う場合は、11月ごろ、枯れて黄色くなったススキを刈り取り、葉を取り除いて茎の部分を使います。屋根葺きには大量の茅を必要とするので、地域で助け合って集めました。

葺き替えは、まず家の周囲に竹などで足場を組んで古い茅を外します。次に軒先から頂上へと葺き上げていき、最後に頂上から軒先へとハサミで刈り込んで仕上げます。細かい手順や使う道具などは地方や人によってさまざまで、茅手とも呼ばれる茅葺き職人は「筑波流」や「会津流」などそれぞれのスタイルをもっています。茅葺き屋根には20年以上の耐久性があるといわれ、そのサイクルで葺き替えますが、こまめに手入れをして傷んだ部分を差し替えていけば（「さし茅」という）、耐久年数はもっと延ばせます。

■薄く板を割って使う柿《こけら》葺き

茅葺きの次に古い歴史をもつのが木を材料とする板葺きです。そのうち、一定のサイズの薄い板（柿）で葺くものを柿葺きといいます。水に強く年輪に沿って割りやすいスギ、クリ（栗）、ヒノキ、サワラ（椹）などが用いられ、建材として

茅葺き屋根の葺き替え作業。世界遺産に登録された富山県五箇山地方の合掌造り民家にて

伐られた木の根元の部分（伐根）も使うなど、木をムダにしませんでした。

柿には「柾《まさ》」「木羽《こば》」「木端《こっぱ》」「ザク」など地方ごとの呼び名があり、寸法や葺き方にも違いがあります。秋田県では、8寸（約24cm）の長さの丸太を、ミカンの房を分けるように鉈《なた》と木槌《きづち》で割った、長さ8寸、厚さ1分5厘（約4.5mm）、幅はさまざまなザクを使います。

柿葺き屋根の耐久性は、葺きの技術以上に柿材の質に影響されるといわれます。なぜなら、割ったときに木の繊維が断ち切られていたり、切り口が粗くてささくれたりしていれば、雨水が浸《し》み込んで傷みが早くなるからです。

4 家具——指物《さしもの》

タンス、テーブル、イス、食器棚、勉強机、本棚、ドレッサー（鏡台）……。家だけでなく、さまざまな家具も、知恵と技があれば森から調達できます。

■タンスには桐《きり》や楠《くすのき》

婚礼家具としてキリ（桐）のタンスが好まれるのは軽くて軟らかいキリの特性からです。キリは日本で使われる木材の中で最も比重が軽く、強度が劣るので家を支える建材には使えません。そこで、湿気を通しづらい、燃えにくい、磨くと光沢が出るなどの特性を生かし、家具に加工されました。しっかり乾燥させた材は収縮が少なく、割れや狂いが生じにくいため、「鉋《かんな》くず１枚で良し悪しが決まる」といわれる引き出しの微妙な加工に向いていたのです。

引き出しをすき間なくピッタリにつくることができれば、収納された衣類は外

黒色の美しい木目が珍重される「黒柿」のチェスト
（写真提供／長野県諏訪地方事務所林務課）

家の一角に寸分の狂いもなく収まる
ケヤキの洋服ダンス

の気温や湿度の影響を受けにくく、虫の侵入も防げます。その上、軽いので運搬も容易で、婚礼家具には最適なわけです。15年から20年で利用できるまでに育つため、「女の子が生まれたらキリの木を植えて、結婚するときにタンスをつくって持たせてやる」こともできました。

芳香があり珍しい木目が出せるクスノキ（楠）も、タンスや衣装箱に好まれます。自然素材の防虫剤や芳香剤として市販されている樟脳は、クスノキから抽出される成分です。つまり、クスノキでつくる家具には、防虫効果も期待できるわけです。

■実用性とデザイン性の追求

実用性だけでなく、室内装飾としてのデザイン性や美しさを求められる家具類では、家を建てる大工仕事とはまた別の技術が培われてきました。

小さな硯《すずり》箱から大きなタンスまで、木工の家具や調度品は「指物」と呼ばれ、その技術をもつ人を指物師といいます。指物は、木をさし合わせ組み立ててつくるもので、釘は使いません。板と板をつないで幅の広い板をつくる矧手《はぎて》、複数の板や角材を角度をつけて接合させる留《とめ》などが駆使され、指物ではこれらの技術を総称して仕口《しくち》といいます。組んだ部分を模様として見せる場合もありますが、基本的には外から見えない仕口の出来が、仕上がりの美しさや使い勝手、強度を決めるといわれます。

木目の美しさを最大限に引き出すのが指物師の腕といわれますが、それは個々の木の特質と癖を見抜く力と、それに最適な仕口を選び施せる技術ともいえます。

キリの下駄

キリは下駄にも好まれる木です。汗や脂などの分泌物を吸収してくれ、濡れた布で毎日拭くだけで、いつまでもさらっとした履き心地が得られます。

5 森を食べる——山菜、木の実

私たちの想像をはるかに超えて、日本人は食料を森から得ていました。

春から初夏にかけては、フキノトウを皮切りに、タラの芽、ヤマウド、コシアブラ、コゴミ、フキ、ゼンマイ、ワラビ、タケノコ……と、農作業とともに山菜採りも忙しい季節になります。また、秋にはヤマイモ、クリ（栗）、トチ（栃）、クルミ（胡桃）の実……。季節ごとにたくさんの幸を得てきました。

■「飢饉になったら山に入れ」

山菜や木の実など、森で採集し食用にされる植物は、地方ごとに食べる種類や呼び名も違えば、食べ方や保存方法もさまざまです。それは日本の森の多様さを示すと同時に、それぞれの土地で独自の採集と利用が行われてきた証ともいえます。北海道南部から東北を経て島根県に達する積雪地方のブナ林帯では、なんと80種を超える山の植物が採集され食用にされてきました。

「山のもの３分の１、火野《かの》（焼畑）３分の１、米３分の１」。これは山形県の山間地域における1950年代ごろまでの食料割合を言い表したものです。「山のもの」には動物や魚も含まれますが、必要な食料の３分の１を森に頼っていたのです。また、秋田県や宮城県には「飢饉になったら山に入れ」などの言い伝えもあります。山間部に限らず、大地が雪に閉ざされてしまう期間の長い地方では、田畑から得られる食料の比重は少なくなります。裏を返せば、それを上回る量の食料を森が提供してきたわけです。

■デンプン源としての木の実

とりわけトチ（栃）やクリ（栗）などの木の実は、三内丸山遺跡の時代（縄文時代）から、貴重なデンプン源でした。

「栗に養われていたようなもの」とは山形県朝日山麓の人の言葉です。この地域では二百十日（９月１日前後）ごろから、クルミ（胡桃）やクリの実を拾い始め、栗は１軒で２俵（米60kgが入る容れ物２つ分）以上を保存食として用意し、冬の間は「栗飯」を食べ続けたそうです。「ご飯よりも栗のほうが多くてざくざくした」という話は、今ではとても贅沢な気がしますが、それだけ栗が主食の役割を果た

ワラビやゼンマイと違い
灰汁《あく》抜きなしで食べられるコゴミ
（写真提供／古籏一浩氏）

縄文時代から貴重なデンプン源だった栗
（写真提供／谷隆行氏）

していたということです。

クリの場合、集落近くの山に植えて管理することで、安定したデンプン源にしてきたところが多くあります。収穫を始める日を集落で決めていたり、定期的に伐採することで木を若返らせたりして、収量を確保しました。

越後山脈を挟んで新潟県と接する福島県の山岳地帯には「1軒1町歩（1 ha）の栗山があれば、栗だけでなんとかしのげた」との伝承があります。

■森への感謝と資源を守る知恵

今はさまざまな産地や種類の「山の味覚」が市場に出回り、中には栽培されているものもありますが、もともと山菜や木の実などの「山の幸」は森という生態系が育んだものを人が採集し食用としてきたものです。森からの「頂きもの」であるからこそ、大きな感謝と謙虚さをもって採集されてきました。

たとえば「フキは根を傷めないように地上5cmのところを鎌で切る」（岐阜県）、「ゼンマイは毎年採っていると細くなってくるので、弱ってきたなと思う株はその年は採らずに休ませる。そういうふうに可愛がりながら採る」（新潟県）など、森を傷つけて資源を枯渇させないための知恵が蓄積されてきました。

6 森が育むキノコ
――シイタケ、マツタケ

■森の手入れにもなる原木栽培

ダシの素材としても日本の食卓に欠かせないシイタケは、クヌギ（櫟）、シイ（椎）、ナラ（楢）、クリ（栗）など、広葉樹の枯れ木に発生します。日本では古くから自生したものを採集し食用にしてきました。クヌギは炭焼きにも使われていたため、炭焼きのために伐採した木に菌が入り、シイタケがよく採れたといいます。こうした経験から、江戸時代中ごろより丸太（原木）に傷をつけるなどの半栽培が大分県や静岡県で始まり、培養した菌を植えつける現在の栽培方法（原木栽培）は1943年に確立され、戦後に一般化されました。

細かい栽培方法は地方や栽培者によって違いますが、だいたい次のような手順です。まず、紅葉8分くらいのときに原木を伐採し、葉をつけたまま放置して乾燥させます。葉を残すのは、葉からの水分の蒸発によって乾燥を早めるためです。次に原木の長さを揃えて伐り、菌を植えつけて「ほだ木」をつくります。植えつけた菌がよく繁殖するよう土や落ち葉、小枝などをかぶせ、雑菌や害虫が入り込まないように、涼しくて風通しのよい場所で1年間寝かせます。これを「伏せ込み」といいます。その後、栽培に適した森の中（ほだ場）に移してほだ木を立て、キノコの発生を待ちます。植菌の2、3年後から、4、5年間、収穫ができます。

原木栽培はシイタケのほか、ナメコ、キクラゲ、クリタケ、ヒラタケ、エノキタケなども可能で、ナメコの原木には、サクラ（桜）、ブナ（橅）、トチ（栃）などが使われます。

キノコ栽培のために行われる、原木の伐採、森に入る日光を調整し風を防ぐための植林、下草刈りなどの作業は、キノコだけでなく、森にとってもよい手入れになっています。原木は一般的に樹齢20年程度のものが菌のまわりがよいといわれますが、薪や炭への利用が減り伐り残された樹齢30～40年の古木を、森の再生のために積極的に利用している栽培者もいます。

■マツタケの生える森づくり

ところで、生きたマツ（松）の根でしか増殖できないマツタケは人工栽培がむずかしく、いまだ成功例がありません。マツタケの国内収穫量は近年100t以下で、

ほだ場でシイタケの発生を待つほだ木

市場流通しているものの 95%以上が輸入品です。しかし、1940 年代には年間 1 万 t 以上のマツタケが採れていました。減少の原因は、松くい虫（マツノザイセンチュウ）による松枯れと、燃料や肥料として落ち葉を使わなくなったことによるといわれます。

マツタケは、落ち葉が厚く堆積した暗い森を好みません。マツタケ採りの名人は落ち葉を掻き集めたり、下草を刈って森に入る光線を調節したり、雨が少なければ沢の水をかけたりして、マツタケの生える森づくりに努めています。

菌床栽培

現在、原木シイタケは国内生産の 37%に過ぎず、残りは人工の培地を使い、環境を管理しながら栽培する菌床栽培といわれるものです。室内で栽培することで安定した品質と収穫量を得ることができる反面、気温管理に多くのエネルギーを消費します。

7 森に還る畑――焼畑

焼畑とは、山野を焼いた跡の土地で一定の期間だけ作物をつくることで、火野畑、野畑、切り替え畑などともいわれます。焼け跡に残る灰を肥料とし、数年間耕作した後、そのまま放置したり植林をして森に戻していきます。無計画で過剰な焼畑は、表土の流出を招いて森の破壊につながりますが、日本では森の回復のペースに合わせた持続可能な焼畑が営まれてきました。あまり知られていませんが、現在でも日本の森で焼畑は行われています。

■神様への儀式

宮崎県椎葉村では、山の神様、火の神様、水の神様への儀式をし、「これより、このやぼ（焼く前の土地）に火を入れもうす。ヘビ、わくどう（カエル)、虫けらどもそうそうに立ち退きたまえ。山の神様、火の神様どうぞ、火が余らぬよう、また焼け残りのないようおん守ってたもうれ」と唱え、虫たちに逃げるよう呼びかけてから火をつけます。無事に焼き終わって、そこへ種を播くときの言い文句は「これより明方《あきほう》に向ってまく種は、根ぶとく、葉ぶとく、虫けらも食わんよう、一粒万倍千俵万俵おおせつけやってたもうれ」です。

「明日焼こうと思っているなら今日のうちに焼け」といわれ、それは夜に雨が降れば翌日には焼けなくなるからです。延焼を避けるため夜に焼くこともあります。

■各地のさまざまな焼畑

焼畑と一口に言っても、その方法は地域によって違います。

秋田県にかほ市では、水はけのよい草地に火入れし、その年だけカブを栽培して、翌年からは休ませ、４年目にまた火入れして耕作しています。同じく漬物用のカブを栽培する山形県鶴岡市の場合は、木材を伐採した後の林地に火入れします。江戸時代から 400 年も続く方法で、焼畑は次の植林を行うための地ごしらえの役割を果たしています。焼畑で栽培することにより、カブの糖度が上がり、歯触りもよくなることが、山形大学農学部の実験で確認されています。

高知県池川町では、30 年弱の周期で雑木林を切った後に火入れし、キビ、サトイモ、ヒエ、アワなどを２、３年栽培した後に、紙の原料となるミツマタ（三椏）

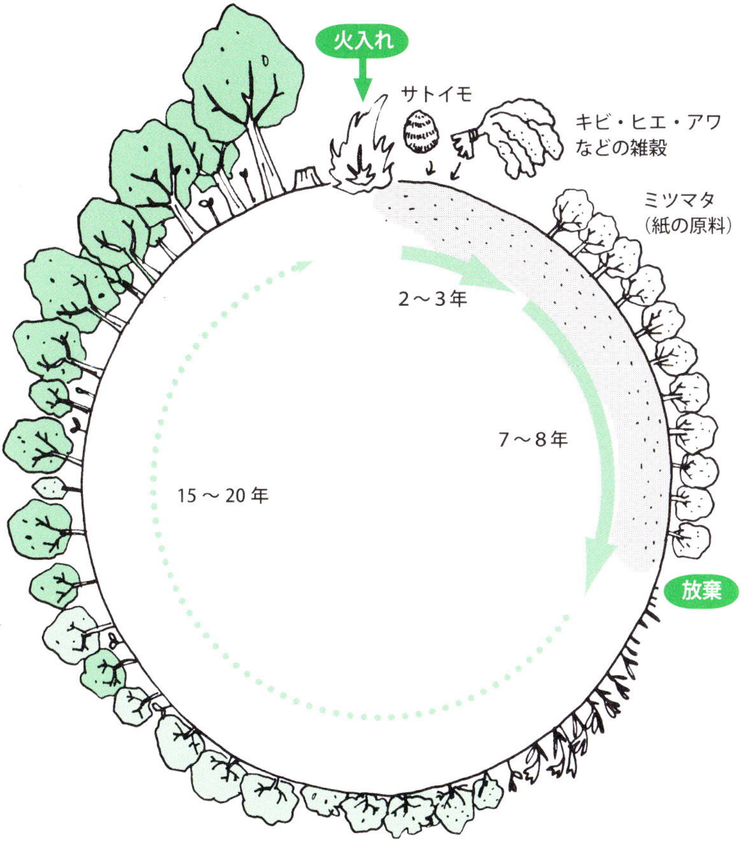

【森と畑の循環――高知県池川町の例】
耕作地を放棄し、地力の回復を自然に委ねることで、
人は森からの恵みを受け続けることができる

を7、8年育て、その後は放置して雑木林に戻すサイクルでした。

宮崎県椎葉村では、「オレが恥隠そうより我が恥隠せ（私の心配するより自分の心配をしなさい）」とソバが人間に言うといわれるほど焼畑の後すぐに発芽するソバを1年目に、土壌がやわらかいと雨で流されてしまうヒエやアワは2年目に、雑草の多い3年目は「ねこぶく（ムシロの大きいもの）8枚刺し通す」といわれ雑草に負けずに生長するアズキを、背の高い雑草がなくなる4年目にダイズという順番でつくります。そして5年目には別の場所で焼畑をして耕作地を移し、ここは森に戻していきます。

8 山の神様からの授かり物 ——クマ、カモシカ

森から得られる食料は、植物やキノコばかりではありません。ヤマドリやウサギ、カモシカ、クマ、イノシシなどの動物は、貴重なタンパク源であり、皮や角なども大切に利用してきました。

農山村における狩りは、自給自足の営みの一環としてあります。たとえば集団でクマやカモシカを獲る北日本の猟は、秋の収穫後から春に田植えの準備が始まるまでの冬にします。春になったら田植えをし、山菜を採り、夏は焼畑をし、川魚を獲り、秋には蓑《みの》や笠《かさ》をつくるための材料を集め、そしてまた冬に狩りに行く——そういうサイクルで暮らしが成り立っていました。

■春のクマ狩りと厳冬のカモシカ狩り

積雪地帯のクマ狩りは、「春の彼岸から田植えまで」といわれ、ブナの木の芽吹きからそれが開くまでの短い期間に行われます。木々の葉が茂ってしまうと、狩りのための視界が狭まるからです。集団で狩りをした場合、獲物は平等に分配しました。肉は串焼きや鍋、味噌漬けなどにし、クマがたくさん獲れた戦前は缶詰や藁《わら》つとで保存しました。胆のうはクマノイ（熊の胆）という薬として高値で売買され、もちろん毛皮も利用しました。

一方、カモシカ狩りは厳冬に行われました。冬のカモシカには長い毛の下に白く細かい毛が生えていて、とても温かい毛皮がとれるからです。春になると綿毛が抜けてしまうので、わざわざ寒中に狩りをしたのです。この毛皮がどれほど温かいかというと、「カモシカの皮を着たら雪崩の起きる場所を歩くな」（秋田県）といわれるほどで、毛皮の温かさで雪崩が起きるから、というわけです。

ただし、狩りには地域ごとにさまざまな方法や決まりがあります。たとえば、毛皮を求めてカモシカ狩りをする地域では、厳冬にしかカモシカは追いませんが、同じカモシカでも、もっぱら食料として利用している地域では、春のクマ狩りで遭遇したカモシカも獲ったといいます。

■狩りのルール

ところで、集団で狩りを行う場合、山へ入ったら「山言葉」という特別の言葉

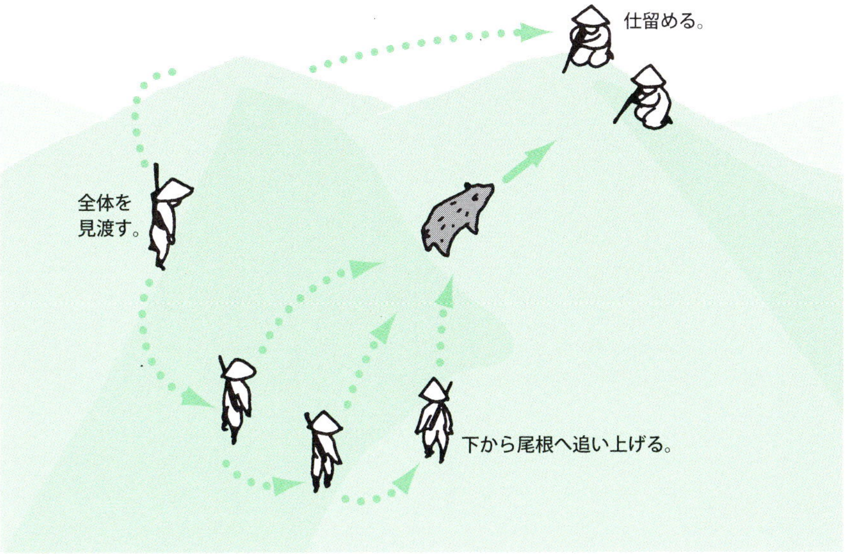

【巻狩り（クマ狩り）】
集団で行う猟の１つ。クマが逃げるとき谷から尾根方向に向う性質を利用する
資料：小池善茂・伊藤憲秀『山人の話　ダムで沈んだ村「三面」を語り継ぐ』（はる書房、2010 年）

を使って話す決まりがあるところが多くあります。たとえば新潟県では、もし間違って里の言葉を使ってしまったときは、水垢離《みずごり》（裸になって沢の水で体を清めること）をしました。それは、神聖な山に俗世間の穢れを持ち込まないためといわれています。獲物のクマやカモシカも、山の神様からの大事な授かり物ととらえ、さまざまなしきたりに従って扱われました。

柴しか生えないようなところは雪崩の危険があるから近づかない、15 歩進む間に笠に積もる雪を３回払わなければならないような天候のときは山に入らないなど、危険な冬山で生存するための知恵も決まり事として守られてきました。

獲物の意外な利用法

カモシカの角は、海中で光ることからカツオ漁やイカ漁の疑似餌にされました。クマの脂は髪に塗ったり、ひびやあかぎれの薬として使われ、骨は焼いて砕き、ご飯粒と練って打ち身の湿布薬にしたそうです。

9 食料のための道具と資材
――森と農と漁

農業や漁業は必要な資材の多くを森からの供給に頼り、森に支えられながら、その生産を続けてきました。森は川を通して田畑や海とつながり、農漁業に恩恵をもたらしてきたと同時に、道具や肥料、飼料の供給という点でも重要な役割を果たしてきました。

■農具から肥料まで

農薬や化学肥料、耕耘機などの農機が登場するまでの時代、農業に森は不可欠なものでした。田畑を耕し収穫物を運ぶために飼われていた馬や牛には大量の草が必要で、農山村の集落では共有する森に採草地を設けて春先には火入れを行うなど、「草が生えてくるように手入れする」という決まり事がありました。ススキは屋根葺きに使うだけでなく、青い葉を作物の保護に使いました。また、「刈り敷き」といって、山林から刈った青草や雑木の若芽、若葉を、そのまま水田に敷き込み、肥料とすることもありました。森の落ち葉は集めて発酵させ堆肥にしました。きわめて重要な肥料で、「1 ha の畑を維持するためには 2 ha の森林確保が必要」などといわれたほどです。

農具も木や竹、つるなどでつくりました。畑作に不可欠な鍬は、地域によって形や大きさ、柄に使われる木が違います。それは耕す土地の条件に合わせて改良するときに、その地域で調達できる最適の材を組み合わせたからです。

たとえば、千葉県の房総半島南部ではカシ（樫）が使われ、九十九里浜に近い地域ではシイ（椎）が使われました。砂地を耕す鍬の刃は薄くて小さいので身近に調達できるシイでも大丈夫ですが、粘土質の房総半島南部では鍬の刃が厚く重くなるため、硬いカシでなければ折れてしまったからです。

■プラスチックに優る使い勝手

漁業も船をはじめ、多くの道具や資材を森から賄ってきました。青森や北海道では、モウソウチク（孟宗竹）よりも繊維の強いネマガリダケ（根曲がり竹）を材料に、ニシンやイカなど漁業用のカゴがつくられています。とくにイクラを扱うためのカゴは、すべすべした竹の表面が内側になるように編む工夫がされてお

長野で主流のブナ柄の鍬。丈夫で使い勝手がよい（写真提供／鈴木ひろみ氏）

り、水切りがよいうえに耐久性も高いとして、プラスチック製のものより好まれています。加工や消毒のために繰り返し熱湯に通すのでプラスチック製のものは劣化が早いのに対し、竹は温度変化に強く丈夫だからです。

また、岡山県ではかつて、漆塗りのための樹液を採取するウルシノキ（漆の木）で、漁に使う網の浮きをつくりました。ウルシノキは塩分に強く、長く海水に浸けていても腐らなかったといいます。

10 なぜお爺さんは柴を刈るのか
——薪と炭

「昔々あるところにお爺さんとお婆さんが住んでいました。ある日、お爺さんは山へ柴刈りに、お婆さんは川へ洗濯に行きました……」。これは昔話「桃太郎」のよく知られた冒頭部分です。かつて柴刈りは、洗濯と同じくらい日常的で不可欠な仕事でした。

■昭和 30 年代まで燃料は森から

「柴」とは山や野原に自生する小さい雑木のことで、刈り取って適当な大きさに折ったり切ったりして薪にしました。ガスや電気が普及する昭和 30 年代まで、多くの家庭では炊事や暖房、風呂焚きに薪や炭を使っていました。お爺さんは生活に必要な燃料を山へ集めに行っていたわけです。

集落に近い広葉樹の森のクヌギ（櫟）やナラ（楢）なども燃料として集められました。これらは切り株から自然に芽が出て十数年で直径 10 ～ 15cm に育ち、繰り返し利用ができました。また、クヌギは火力が強くて煤が少なく、ナラは水分量が少なくて乾きやすいので、性質的にも薪に最適なのです。薪は水分量を 25% 以下にしないと、煙が多く出て室内では使えません。燃焼効率を考えると 15 ～ 20% まで乾かす必要があるといわれています。伐採した木は適当な大きさに割って、１～２年、乾燥させて使いました。

薪に火がつくように最初に燃やす「焚きつけ」には、落ちた松葉（「ゴ」という）などが使われました。焚きつけによいゴをたくさん集めるために、マツの木のまわりや下を整えて松葉だけが落ちる場所をつくるなどの工夫もされました。

こうした作業は山にとってよい手入れになっていました。

■軽くて火力の調節も簡単な炭

木をそのまま乾燥させて燃やす薪に対し、木炭は木を炭化させて使います。木炭は薪に比べ炎や煙が出ないために扱いやすく、安定した火力での長時間燃焼が可能です。また、空気量によって燃焼温度をコントロールすることもできます。さらに、材料の３分の１から４分の１の重量になるので山からの搬出が容易で、山に窯をつくって木炭に加工し消費地へ運び出しました。

薪は適当な大きさに割って積み上げ 2 年ほど乾燥させて使う

日本では新石器時代から使われていたと推測されており、平安時代には商品化され年貢としての徴収を受けました。人的労力を費やしてつくる木炭は非常に高価なもので、一般に普及したのは明治時代になってからです。

日本で最も多くの木炭が消費されたのは、1940 年（昭和 15 年）で約 270 万 t でした。当時の人口が約 7200 万人ですから、1 人当たり 37.5kg ということになります。長い歴史をもつ日本の炭焼き技術は、世界でも高い評価を得ています。

■材料や焼き方でさまざまな炭に

炭焼き窯には、木で枠を組み粘土を塗ってつくるもの、地面に穴を掘ったり岩山を利用してつくるものなど、いろいろなタイプがあります。材料となる木（炭材）は、薪と同様にクヌギとナラが多く使われますが、ほかにカシ（樫）、サクラ（桜）、ツバキ（椿）、マキ（槇）、ヤナギ（柳）など、その地方に自生する木が用途に合わせて使われました。窯や焼き方による違いもありますが、「サクラは跳ねないので呉服屋で使われた」「マツは火力を調整しやすいので鍛冶屋が好む」「ツバキは灰が真っ白できれい」など、樹種による特色があります。

兵庫県川西市黒川の炭焼き窯
（写真提供／奥田高文氏）

切り口が美しく茶席には欠かせない「菊炭」
（写真提供／奥田高文氏）

炭焼きで最も難しいとされるのが、火を止めるタイミングです。「煙が白から空色、紫、無色透明と変わって、目やのどに沁みなくなったら」など、職人たちは経験の中で積み上げてきたそれぞれの基準で見極めます。

木炭は、焼き方と製品としての特性によって、黒炭と白炭に大別できます。黒炭は400～600℃で炭化させ、酸欠にした窯の中で消化してから取り出す焼き方で、着火がよく高温短時間で燃焼します。一方、白炭は火を止める直前に空気を送って1000℃以上に温度を上げ、真っ赤に焼けた状態で窯の外に取り出し、灰をかけて消火します。硬質で着火しにくい反面、長く燃焼します。

やきとりなど料理店で重宝されている「備長炭」は白炭ですが、バーベキューに使うなら火付きのよい黒炭がおすすめです。

薪炭は大事な交易品

山から遠く、燃料を自給できない地域では、薪や炭を購入していました。また製塩や陶磁器焼成などの産業では、薪が大量に必要とされました。燃料を薪や炭に頼っていた時代、森は山村にとって貴重な現金収入源でもありました。

11 灯りも森から——木蝋《もくろう》

明治以降になって、石油ランプやガス灯、電灯が次々に登場し、徐々に普及していきますが、それまで照明の主役はろうそく（蠟燭）でした。日本で一般的に使われていたのは、木の実を原料とする木蝋でつくる和ろうそくです。和ろうそくは、パラフィンなど石油由来の物質を原料にした西洋ろうそくが、低価格で出回るようになった大正時代以降に急速に衰退していきましたが、現在でも伝統的な産地で生産が続けられています。

■各藩で競い合った木蝋づくり

木蝋のおもな原料となるのはハゼノキ（櫨の木）の実です。つくり方は産地によって違いますが、愛媛県ではハゼノキの実を搾ったもの（生蝋《きろう》）を煮溶かして冷水に注いで混ぜ、できた花のような結晶（蝋花）を浅い木箱（蝋蓋）に入れて太陽光に晒し、白く脱色します。この作業を何度か繰り返しながら精製していきます。

ハゼノキは、1591年、福岡藩（福岡県）の貿易商が蝋を採ることを目的に、種子を中国から伝えたといわれます。江戸時代中期には、琉球（沖縄県）を経由して薩摩藩（鹿児島県）に伝わり、栽培と精蝋の技術が確立されて、各地に伝わりました。

木蝋はハゼノキのほか、シロダモ（白だも）やウルシノキ（漆の木）の実からもつくられました。米沢藩（山形県）では、ウルシノキの栽培を奨励し、漆蝋を専売制にすることで、困窮していた藩の財政を立て直そうとしました。

長い間、ろうそくとその原料である木蝋は、高価な消耗品として幕府や藩から厳しい統制を受けました。漆蝋の技術が残る福島県会津地方には、「蝋役人のようだ」（最初は威張り散らし、後からこそこそする人）という表現が残っています。

庶民にも手の届くものとなったのは江戸時代末期です。このころの使い方で注目したいのは、使い切りと再製品化が徹底されていたことです。イグサと和紙でつくった和ろうそくの芯には空洞があり、新しいろうそくの芯の先端を短くなったろうそくの芯の空洞に差し込むことで、最後まで使い切ることができました。また、燭台《しょくだい》に付いた蝋は、ろうそく屋によって回収され、再び精製されて、新しいろうそくに成形されました。

素手で蝋を掛け重ねてつくる和ろうそく

■自然素材の原料として注目

木蝋は英語名をジャパン・ワックスといい、木炭同様、海外でも高く評価されてきました。とくにハゼノキの実を原料とするものは、粘性と弾力性、顔料を混ぜたときの分散性に優れ、最近では化粧品やクレヨンに安心して使える自然素材の原料として注目を浴びています。日本でも古くから力士の鬢附油《びんつけあぶら》などに使われていました。

ろうそく以前の灯り

ろうそくが普及するまでは、マツ（松）の根や幹の脂の多いところや、動植物の油脂を燃やして灯火にしていました。こうした灯りは、東京都下で明治 10 年ごろ、大阪府下で明治半ばごろ、東北地方の山村や九州の島々では、第二次世界大戦中まで使われていました。

12 桶と樽——液体OKの円筒形容器

バケツやボウル、洗面器、漬物桶……。今では合成樹脂でつくられている容器類も、かつては木でつくられていました。

■素材は水にもカビにも強い針葉樹

桶は、細長い板を円筒形に並べてタガ（竹や金属でつくった輪）で締め、底板をはめ込んだ木製の容れ物の総称です。湾曲した鉈《なた》で、円筒形の曲面になるよう縦に割った板をつくり、刃が湾曲した銑《せん》という道具や鉋《かんな》で何度も削って微調整しながら、ぴったりと合わせていきます。平安時代まで液体を入れる容器には、薄い板を円筒形に曲げてサクラ（桜）の皮で留め、底板を入れた曲げものが使われていましたが、鎌倉時代に桶が出現し、室町時代に普及しました。

桶は、サワラ（椹）、ヒノキ（檜）、コウヤマキ（高野槙）、スギ（杉）などでつ

いくつもの削りの工程を経てタガで固定する桶づくり（写真提供／奥田高文氏）

さまざまな形や用途の桶（写真提供／奥田高文氏）

くられてきましたが、これらの針葉樹は水に強く、防カビなどの作用もあるため、桶には適材なのです。その中でも、食品を入れるものにはアクや匂いの少ない材を選び、「寿司桶や飯櫃《めしびつ》にはサワラ」「ネズコ（鼠子）は味噌桶」などと使い分けられています。

風呂桶にはヒノキが好まれますが、それは色の白さと香りのよさからです。水を張ったときの強度ではサワラが一番といわれます。

■桶と樽の違いは

桶と同じ構造とつくり方のものに、樽があります。桶と樽の違いは例外もあり明確ではありませんが、ふたの固定されたものが樽、側面の板が「桶は柾目で樽は板目」などといわれます。

醤油や酒など液体物の貯蔵・運搬が目的の樽には、当然、密閉するためのふたが必要です。また、内容物の漏れを防ぐために樽には水分で膨張する板目を使い、一方の桶は乾いた状態でも使われるため、乾湿による収縮の少ない柾目を使って狂いを避けたと考えられます（2章⑧参照）。樽には水分の染み込みが少なく塩分を通さない板目が、桶には余分な水分を吸わせるために柾目が適しているともいわれます。

さまざまな知恵と技を駆使して、金属の釘や接着剤をいっさい使わずに、水漏れのない丈夫な容器がつくられてきたわけです。

吉野杉の樽（奈良県吉野郡川上村）。奥に積まれているのは側面に使う板（樽丸）

13 ざるとかご――水を切る、ものを運ぶ

水を漏らさないことが絶対条件の桶に対し、水を「漏らす」こと、つまり水を切ることを目的とする道具がざる（笊）です。ざるとよく似た細工のかご（籠）は、「液体以外のもの」を運搬するための道具で、丈夫で軽量であることが要求されます。人は、竹やつるなど森の資材を編むことによって、これらの道具を手に入れてきました。

■竹をへいで編む

ざるやかごの材料として、日本で一番使われているのは竹です。日本に自生する竹の種類は600種余りといわれ、このうちおもにはマダケ（真竹）、モウソウチク（孟宗竹）、雪の積もる地方ではシノダケ（篠竹）、ネマガリダケ（根曲がり竹）などが加工されてきました。

「竹細工の良し悪しは竹の質で決まる」といわれるほど、材料の選定は重要です。マダケなら３～４年生のものが色合いもよく、粘りがあって適しているといわれます。粘りとは「力強くしなる」というような意味で、これがないと形づくるときに折れてしまいます。また、節と節の間（節間）が遠いものがよいとされ、それは長い材料（ひご）をとることができるからです。同じ竹林の同じ年数のものでも、１本１本に違いがあり、その個性を見極めながら選定します。伐採時期も大切で、虫の活動が活発な梅雨から夏は避けて、冬に伐ります。

さて、竹をざるやかごに細工する上で欠かせないのが、「へぐ（剥ぐ）」（薄く剥《は》ぎ取る）技術です。竹細工は、まず竹を細く割り、次に割った竹を薄く「へぐ」ことから始まります。へいでつくった細長く厚さの平均した材料をひごといい、これをざるやかごの形に編み上げていくわけです。ひごの厚さや幅はつくるものによってさまざまですが、職人たちはコンマ何mmという違いを指先で感じながらへいで編むといわれます。

編み方は、ざるの場合、縦を軸にその間に交互に横を通していく「ざる編み」が基本です。かごは、「六つ目」「四つ目」「網代」が一般的な編み方です。

細長いひごからざるを編み上げる

■竹の少ない地方のイタヤ細工

ところで竹の少ない地方では、ざるやかごは何を材料につくったのでしょうか。細長いひごをつくることができれば、竹以外の材料でも、ざるやかごを編むことができますね。積雪が多く竹細工に適したマダケの少ない秋田県には、樹齢20～25年の若いイタヤカエデ（板屋楓）やオニグルミ（鬼胡桃）、ウリハダカエデ（瓜膚楓）などの幹を細長い帯状にへぎ、かごをつくるイタヤ細工があります。

竹の用途

竹は、建材としてはもちろん、ごく薄くへいで縄に綯《な》ったり（竹縄）、竹皮を食品の包装紙や草履などを編む材料に使うなど、日常のあらゆる素材として使われてきました。軽くてよくしなる性質を利用し、陸上競技の棒高跳びには数十年前までマダケが使われていました。また、縦方向にはほとんど縮まないので「ものさし」の材料にもされました。

14 お椀——ろくろ挽《び》きの技術と漆

木のお椀には、「ろくろ挽き」という古くからの木工技術と、天然のコーティング材である漆を扱う伝統の知恵が凝縮されています。

■意地の悪い木が良材？

桶は割って削った材を組み立ててつくり、ざる（笊）は薄くへいだ材を編んでつくりましたが、お椀は木の塊から削り出してつくります。器の形を削り出す作業を「ろくろ挽き」といい、削り出された白木の器が木地、木地をつくる人は木地師と呼ばれます。木地師は、お椀をはじめ、盆、鉢、急須など、さまざまな形のものを削り出していきます。

木地の材料となるのは、ケヤキ（欅）、ブナ（橅）、ナラ（楢）、クワ（桑）、トチ（栃）、エンジュ（槐）とさまざまです。かつて木地師は人里離れた深山に入って仕事をしながら生活する「山の民」で、木地にする良材がなくなると、新しい土地へと家族で移住しながら仕事をしました。

おもしろいのは、建材や一般的な木工品では、癖のない素直な木が良材とされますが、木地師は急斜面にしがみついているような木や、強い風に吹きさらされてねじ曲がった木など「意地の悪い木」も好むことです。そういう癖の強い木は、削ると揺らいだような美しい木目を見せるからです。滋賀県のある木地師は、「木地師は自ら山へ入り、１本１本の木をしげしげと眺めては、これはと思う木を倒して乾燥させ、川に流して一緒に下ってきたんですわ」と話します。

■鉋《かんな》と鑿《のみ》、そして「ろくろ」という道具

ろくろ挽きには、ろくろ（轆轤）という回転台と鑿やろくろがんな（轆轤鉋）という刃物が使われます。「木地師はまず鍛冶仕事」といわれ、今でも多くの木地師たちが、自分の手に合った道具を自分でつくり手入れしています。

ろくろは、だいたいの形に整えられた木の塊を載せて回転させる道具です。回転させながら刃物を当てて、細かい部分を削り出していきます。今では電動のろくろ（あるいは木工旋盤）がほとんどですが、昔は人力で回していました。足で踏む「足踏み式ろくろ」や、１人が手でひもを引いて回しもう１人が削る「手挽

【手挽きろくろ】
1人がひもを引いて回し、もう1人が削る

きろくろ」などです。「手挽きろくろ」は2人の息がぴったり合わないとうまく削れず、夫婦で仕事をする木地師も多かったといいます。

縦木と横木

丸太を円盤状に輪切りにし、芯を避けて材料を切り出すことを「縦木取り」、丸太を縦に切って板にし、やはり芯を避けて材料を切り出すことを「横木取り」といいます。縦木は狂いにくく、薄く削っても強度があり、横木は木目の美しい大きな直径のものがとれます。

■天然の優れたコーティング材

木地ができると、表面を保護し長持ちさせるために漆が塗られます。漆はウルシノキ（漆の木）から採取する樹液のことで、酸やアルカリ、塩、アルコールなどにも強い、天然のコーティング材です。蒔絵《まきえ》など高価な工芸品だけでなく、お椀やお盆、箸など日用品のコーティングにも使われてきました。

ウルシノキは、一般的には日当たりと水はけのよい肥沃な土地を好むといわれますが、自生するウルシノキから樹液を採取する職人の中には「あまり日照の強くない半陰地の谷の斜面」に多いという人もいます。伐採すると、切り株から芽を出して育ちます。樹液は漆に、実はろうそくの原料になり、木は塩分に強いので漁具などの材料に使われました。ただ、樹液の主成分であるウルシオールは、触れるとアレルギー性皮膚炎（かぶれ）を引き起します。そんな樹液を利用するのですから、採取するのも、塗るのも、たいへんな仕事です。ある漆塗り職人は「1年目は目も開けられないほどかぶれた。かぶれて治ってを1年くらい我慢してやっとかぶれなくなった」といいます。

漆の採取は、ウルシノキの樹皮を鎌で剥いで専用の鉋で傷をつけ、沁み出てきた樹液をヘラで掻きとって集めます。これが漆掻きと呼ばれる仕事です。幹周り30cm程度の大きな木でも1年間に採れる樹液はわずか200g程度で、採取できるまでには10年前後の生育期間が必要ですから、漆は非常に貴重なものなのです。

■養生《ようじょう》掻《か》きと殺し掻き

漆掻きには、1本のウルシノキから数年に渡って樹液を採取する「養生掻き」と、1年で樹液を採り切る「殺し掻き」があります。6月から10月ごろまでの夏季に行いますが、養生掻きは秋の彼岸で採取をやめ、3、4年後にまた同じ木から採取します。殺し掻きの場合は、ひと夏ですっかり樹液を採り切った後に木を伐り倒し、自然の萌芽を促します。

採取したままの漆は生漆《きうるし》と呼ばれ、拭《ふ》き漆加工や漆器の光沢を出す呂色《ろいろ》仕上げなどで使われます。朱や黒などのいろいろな色の漆は、生漆を太陽光や加熱によって水分を取り除いて精製し、化学反応させたり顔料を混ぜることでつくり出します。日本の漆独特の色彩で、漆黒と表現される黒漆は、生漆に鉄を入れ、漆の主成分であるウルシオールと化学反応させることでつくります。

ところで、漆が一般の塗料と大きく異なる点は、その塗膜のでき方にあります。一般的な塗料の場合、塗膜は塗ったときから劣化を始めますが、漆の塗膜は年月を経るほどに硬くなり艶を増していきます。漆は乾燥によって乾くのではなく、ラッカーゼという酵素の働きで硬化していくからです。「漆は生きている」といわれる理由もここにあり、実際、30年以上も硬化を続けるといわれます。ですから、塗り終えた後はラッカーゼの活性に適した湿度と温度の室《むろ》と呼ばれる部屋で硬化を促します。

縞模様のように見える傷から樹液を掻きとる

万能コーティング材の漆にも弱点があって、それは紫外線です。漆器を大切に使い続けるには、まず紫外線に当てないことです。

接着剤にもなる漆

漆は金物の錆び止めや、割れた陶器などをつなぎ合わせる日用品の接着剤としても使われていました。鍋や釜などの金物には、漆と砂鉄を混ぜて練ったもので割れ目を塞ぎ、その上に布を貼って漆を塗りました。

15 わっぱ――曲げる技術

食べものを入れる木製の器の１つに「わっぱ（めっぱ）」があります。わっぱとは「輪の形をしたもの」という意味で、薄い板を曲げて円筒形をつくって綴じ、底板を入れた箱のことです。木を曲げてつくられる木工品は一般に「曲げもの」と呼ばれており、蒸し器のせいろや柄杓《ひしゃく》などがあります。

■熱を加えて木を曲げる

室町時代に桶が普及するまで、液体を入れる容器といえば曲げものでした。弥生時代の遺跡からも曲げものが出土しており、木を曲げる技術はかなり古くからありました。木が割れたり折れたりしないように曲げるポイントは熱です。

わっぱの側板（曲げる部材）には、おもにヒノキ（檜）、スギ（杉）、マツ（松）などの針葉樹の薄い板が使われます。秋田県の大館曲げわっぱは、樹齢200年から300年の天然秋田杉から柾目の板をとり、節のない部分だけを使います。節の部分は木目が不規則なので板にすると繊維が切れてしまい、曲げたときに折れやすいからです。また、柾目を使うのは、木目が均等に入り素直に曲がりやすいからだといいます（2章⑧参照）。

熱を加えて軟らかくし、型に沿わせて曲げる

ヒノキは板目でも割れずに曲がるので、三重県の尾鷲《おわせ》わっぱ、奈良県吉野地方のわっぱでは、側板に木目の美しいヒノキの板目板を使う職人もいます。わっぱにするには、ある程度の年輪が必要なので、吉野ではコビソと呼ばれる樹齢80年以上の天然のヒノキを使います。ただし、わっぱにするのに適した、へぎやすい木は全体の３割ほどしかないそうです。

板を曲げるためには、煮沸したり熱い蒸気を当てて木を軟らかくします。湾曲した型に沿わせながら曲げ、木バ

さまざまな形や用途のわっぱ（曲げもの）

サミなどで仮留《かりど》めし乾燥させます。曲げるのに力はそれほど必要なく、たいへんなのは熱さを我慢することだそうです。10日ほど乾燥させた後、合わせ目をサクラ（桜）の樹皮でつくった帯状のひもで縫い留めます。漆を塗ってコーティングするものもありますが、木の香りや通気性を生かし白木のままで使われるものもあります。

■山師や漁師のわっぱ

わっぱは、山で仕事をする人や漁師の弁当箱として発達しました。ふたが深いデザインなのは箱とふたの両方にご飯を入れるからです。「朝に片側のご飯を食べて、昼にもう片側を食べる。沢で水を汲んできて、火をおこして石を焼き、水と味噌を入れたわっぱに焼けた石を入れて煮立たせ味噌汁にする」。漆を厚塗りする丈夫な尾鷲わっぱは、そんな使い方もされました。

16 布——織る、染める

身を守り装うための衣服も、かつては原料の多くを森で採取していました。日本では弥生時代から織機を用いた布づくりが行われていたといわれますが、糸の原料となったのはアサ（麻）、クズ（葛）、コウゾ（楮）、イラクサ（蕁麻）、フジ（藤）、シナノキ（科木）などの植物です。中でも、アサ、アマ（亜麻）、カラムシ（苧麻）、シナノキなどを原料とする布は、長らく日本の布の中心にありました。

■木綿の大衆化は明治以降

江戸時代まで布といえば、「木綿以外の」植物性繊維でつくったもののことを指し、絹や毛の織物も含まれませんでした。絹は弥生時代から織られていましたが一般に流通するようなものではなく、木綿で布がつくられるのは江戸時代に入ってからのことです。

とはいえ、木綿の原料となるワタの栽培が定着していたのは北九州と畿内で、東日本に普及したのは江戸中期ごろ、福島県以北では気候的に栽培そのものができません。しかも、日本で栽培されたワタは繊維が短くて織るのに適さず、質も生産量も上がりませんでした。つまり木綿はずっと高級品であり、東北地方の人は幕府によってその着用さえ禁じられていたのです。庶民の手に木綿の布が行き渡るようになるのは、明治中期になって中国やアメリカから綿花が大量に輸入されてからのことです。

■各地に残された布づくりの技術

木綿が行き渡る以前、庶民はカラムシやシナノキなどを原料とする布で衣服をつくっていました。

新潟県のアンギンは、カラムシなどの植物繊維を細い縄やひもにし、米俵を編むのと同じ技法でつくった編み布です。地域に豊富にあるカラムシから繊維をとり、そのうちの上質な繊維は越後《えちご》縮《ちぢみ》に、屑《くず》をアンギンにしたといわれます。繊維が強く丈夫なので、大正時代まで野良着として着用されていたそうです。

山形県の「しな織」は、梅雨のころに男が山に入ってシナノキを伐採し、樹皮を剥ぎ、さらに外樹皮を剥いで、肌色の内樹皮だけにしたものを天日で乾燥させ

木の内樹皮の繊維を使ったアイヌの織物「アットゥシ（アツシ）織」（左）と、原料となるオヒョウの樹皮

ます。その後は女の仕事で、夏の間に内樹皮を木灰で煮て揉みほぐし、川の中でしごきながら１枚１枚剥がした皮を日陰干しして保存しておきます。稲刈り後から冬の間に、繊維を細く裂きヨリをかけて糸をつくり、早春のころから織りの作業に入って、ひと月ほどで「しな布《ふ》」を織り上げました。

沖縄県の芭蕉布は、イトバショウ（糸芭蕉）を原料とした織物で、明治以前まで琉球文化圏ではごく一般に織られ、身分を問わず愛用されていました。クズのつるを利用した静岡県の葛布は、鎌倉期以降、武士の裃《かみしも》、乗馬袴《ばかま》、合羽などに使われ、明治以降は襖や壁紙などに使われるようになりました。

日本で伝統的につくられてきたこうした布のうち、一部は、越後上布《じょうふ》、薩摩上布、

戦時中の繊維事情

木綿は太平洋戦争突入とともに原料不足に陥り、再び貴重品になりました。昭和初期からは、スフ（ステイプル・ファイバー）やレーヨンなどの化学合成繊維もつくられていましたが、ペラペラですぐに破れてしまい評判はよくありませんでした。

宮古上布、小千谷《おぢや》縮《ちぢみ》、越後縮など高級織物として今に受け継がれています。また、シナノキやクズを使って丈夫な野良着の布をつくる技術も、各地にしっかり残されています。

■生薬《しょうやく》にもなる天然染料

布を染める染料も、身近な森や畑で採取されました。最近ではタマネギの皮やハーブなどで気軽に染色を楽しむ人も増えていますが、古代から染色は、装飾的な目的だけでなく、繊維を丈夫にしたり、体を保護するなど実用的な目的でも発達してきました。

藍《あい》や紅花など、昔から使われてきた天然染料には生薬となるものが多く、防虫や紫外線防止などの効果もあります。たとえば、時代劇で床に臥《ふ》せっている人がしている紫のはちまきは、漢方で解熱・消炎作用があるとされる紫根（ムラサキの根）で染めた布です。また、女性の腰巻に赤が多いのは、茜（ニホンアカネの根）が月経不順など女性の体によいとされる薬草だからです。ほかにも、藍（アイの葉）には抗菌や防虫、紅花（ベニバナの花）には血行改善作用があり、胃腸薬にも用いられる黄檗（キハダの樹皮）で染めた布には虫がつかないとされます。

一方、毒草といわれるもので染料に用いられたものはないといいます。おそらく、染色の過程で何か害のあったものは排除されていったのでしょう。直接肌に着け身を守るための布として、少しでも体によいように、そして長く使えるようにという染める人の思いが伝わってきます。

【天然染料の利用例】

採取時期	植物	部位	染め方と色
春	ドクダミ	花、葉、茎	鉄媒染で緑みのネズミ色
夏	コブナグサ	葉、茎	みょうばん媒染で彩度の高い黄色
秋	ビワ	葉、小枝	みょうばん媒染できれいな赤茶色
	ソメイヨシノ	落葉	みょうばん媒染できれいな赤茶色
	クヌギ	どんぐり	おはぐろ媒染で銀鼠《ぎんねず》色から黒色
冬	ウメ	小枝	水から加熱抽出した染料液で赤肌色

※鉄媒染、みょうばん媒染、おはぐろ媒染は、発色や染着をよくするための媒染剤

古くから生薬としても利用されてきた紅花（写真提供／谷隆行氏）

■雑木林は染料の宝庫

染料というと草花が多いように思いますが、樹木もたくさん使われてきました。雑木の樹皮を染料に使うと濃い色に染まるといわれ、昔からクヌギ（櫟）、ナラ（楢）、クリ（栗）、カシワ（柏）、キハダ（黄檗）、カシ（樫）などが染料にされました。樹皮を剥いだ木は薪割りし、染料を煎じる際の燃料にしたり、灰を媒染剤に使ったりしました。

植物は芽吹きや開花の前後、冬を迎える前など季節によって状態が変わります。染料として使う場合、同じ植物の同じ部位であっても、こうした季節の違いで色が変わるので、最も適した時期を選んで採取し利用してきました（表参照）。

薬効もある天然染料は、布だけでなく、和紙の色染めにも使われました。

17 和紙——紙漉き

布と同じように、植物の繊維をうまく利用したのが和紙です。襖や障子など、家の中の建具にも和紙が使われてきました。障子は部屋と外を仕切りながら、湿気を逃がして太陽の光を部屋に取り入れる優れものです。明治以降、欧米の機械製紙が導入され、安価な洋紙が普及しましたが、丈夫であたたかみのある和紙は建築、工芸、造形芸術などの分野で見直されています。和紙の製造工程には、清浄な水と大気、原料の木が不可欠で、和紙は森の産物ともいえます。

■木の皮に強さの秘密

紙は紀元前の中国で発明され、仏教とともに朝鮮半島に伝わり、日本にも伝えられました。伝来当初は中国と同様にコウゾ（楮）やアサ（麻）が原料に使われていましたが、やがて日本にしか自生しないガンピ（雁皮）などを原料に、ノリウツギ（糊空木）などの植物性粘液を使った日本独特の漉き方が発展しました。

現在、和紙の原料に使われているのは、コウゾ、ミツマタ（三椏）、ガンピが主ですが、原料が不足した戦争中にはクワ（桑）の木の皮をコウゾに混ぜて使ったそうです。洋紙は木の幹内部の繊維（木材パルプ）を原料とするのに対し、和紙は木の樹皮の繊維を原料とします。これは靭皮繊維と呼ばれ、木材パルプと区別されます。パルプの繊維は長さ1～3mmですが、和紙に使われる繊維は約10mmと長いため、それが均等に漉かれて絡み合うことで強く美しい紙になるといわれます。

最も多く使われているコウゾは、繊維が最も長く、強靭で素直な使いやすい和紙になります。20種ほどの仲間があり、地域によっても品質に違いがあるといわれます。ミツマタは日本の紙幣の原料で、光沢がありインクの滲みの少ない和紙ができます。ガンピの和紙は滑らかな上、風化や虫に強いのですが、栽培が難しく自生のものの数量が限られていることから、ミツマタで代用されています。

■産地と和紙の深い関係

紙漉きの技法も自然条件も産地ごとに違うので、たとえ同じ種類の原料を使っていても、産地によって違う和紙ができます。そのため、美濃和紙、小原和紙、

紙漉きには清流の豊富な水が欠かせない

吉野紙《よしのがみ》、土佐典具帖紙《とさてんぐじょうし》、出雲民芸紙など、産地の名前で呼び分けられています。

和紙の産地は多くが山村にあります。１つには、山間の農家が限られた田畑を耕すだけでなく、冬の間の副業として和紙をつくったからです。原料となるコウゾやミツマタは、土手や集落近くの山に植えて育てました。なにより山村には、和紙をつくるのに必要な豊かな自然環境があります。

紙漉きは環境の影響を非常に受けやすい仕事です。たとえば原料を漂白する工程では、３日間ほど川の水に晒すので、川の水が汚れていると漂泊どころか原料が汚れてしまいます。原料、水、太陽光と、工程を自然に委ねて成り立っている和紙は、豊かな森が失われると漉けなくなってしまうのです。

18 舟――水に浮かせる技術

海に囲まれ川の多い日本では、昔から漁業や舟運が盛んでした。木で舟をつくる高い技術が、それを支えてきました。要となるのは、板を湾曲させる技術と、板と板の間を防水構造にする技術です。

■湾曲をつくる技術

舟が水に浮き、波の中をバランスよく進むためには舟の底と側面に「湾曲」が必要です。わっぱ（本章⑮参照）は薄い板に熱を加えて丸く曲げますが、舟はわっぱのような薄い板では強度が足りません。では、どうやって湾曲をつくるのでしょうか。やはり熱を加えるのです。

舟の湾曲が必要な部分には、スギ（杉）やヒノキ（檜）の板が使われます。これらは桶に使われるサワラ（椹）やコウヤマキ（高野槙）ほど水に強くはありませんが、しなやかで曲がりやすく元に戻る力が強い性質を持っています。こうした「粘り」のある材料を使い、熱湯をかけたり、火であぶったりして熱を加え、曲げたりねじったりしていきます。

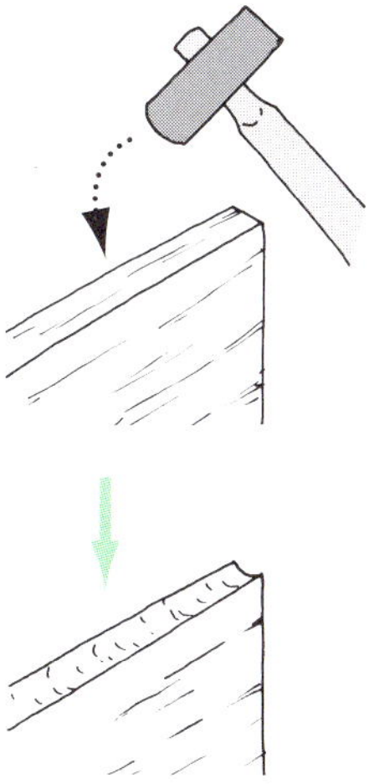

【舟づくりの木殺し】
玄翁《げんのう》の凸面（先端に丸みのあるほう）で接合面の中程だけを叩いてへこませる

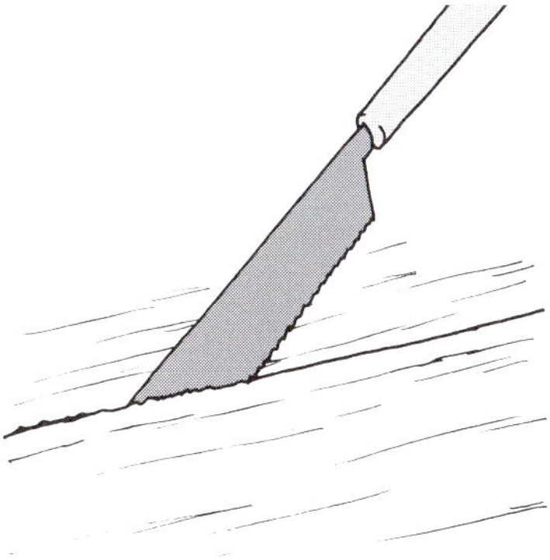

【摺り合わせ（鋸摺り）】
摺り鋸と呼ばれる鋸で、接合させる板の両面をこすって、細かい毛羽を立てる

【マキハダを打ち込む船大工】
舟の防水性を高めるため、板のすき間にヒノキの皮を繊維状にした「マキハダ」を鑿で打ち込む

また、湾曲をつくるもう１つの方法が、もともと曲がった木を使うことです。山の斜面から立ち上がっている木は、根元部分が曲がっていますが、そうした部分の板を集めておいて、舟の骨組みに使う舟大工もいます。

■木の性質を利用した防水の技術

舟に使われる防水技術の１つが「マキハダ（マキナワ）」です。これは、ヒノキの皮を繊維状にした「マキハダ」を、つなぎ合わせる板と板のすき間に鑿《のみ》で打ち込む方法です。マキハダを打ち込む板には、あらかじめ「木殺し」や「摺り合わせ」をしておきます。

舟づくりにおける木殺しとは、つなぎ合わせる板と板の接合面の一方を、縁はつぶさないよう中央だけを玄翁（打面が対称に２つある金槌）の凸面で叩いて凹ませることです。こうした上でマキハダを打ち込んでおけば、マキハダは水を吸って膨張し、凹んだ木が元に戻ろうとする力と合わさって、接合面はよりぴったりと合わさることになります。

摺り合わせは、両方の接合面を「摺り鋸」といわれる鋸で、ぼさぼさに毛羽立てることです。やはり、この接合面にマキハダを挟み込めば、ぼさぼさの木の繊維とマキハダが膨張することで接合部分のすき間が埋まります。

2章 木を知る

木ってなんだろう？　山に生えているとき、木材になったとき、木はさまざまな表情を見せてくれます。生き物だからこそその特徴や魅力を知れば、木への見方が変わるかも。

真提供／奥田高文氏）

1 木にはたくさんの種類がある

■「適材適所」は古代から

神代からの国造りの歴史を記した「日本書記」には、スサノオノミコトが自分の体の毛を抜いて木に変え、人びとにその用途を教えたというエピソードが出てきます。どんな話かというと、スサノオが髭《ひげ》を抜いて放つとスギになり、胸毛はヒノキ、尻毛はマキ、眉毛はクスにと変わり、それらについてスサノオは、スギとクスは船に、ヒノキは宮殿に、マキは棺に使うように諭したというのです。

なるほど、軽くて水に浮きやすいスギや、大木が多いので丸木舟に向きそうなクスを船にというのは納得できますし、木目がきれいで気品も備わり、耐久性が高いヒノキで宮殿をというのもわかります。マキは耐水性が非常に高く、腐りにくいので棺桶にというわけです。「日本書記」が完成したのは奈良時代の720年（養老4年）といいますから、日本人は1000年以上も前から、木をそれぞれの特性に応じて使い分けていたのです。

当時はプラスチックなどなく、すべてを自然の産物に頼らなければなりませんでしたから、いろいろな木をあれこれと試行錯誤しながら使っているうちに、どんな用途に適しているかがわかってきたのでしょう。

■日本は木に恵まれた国

さまざまな用途に活用できるほど、木の種類にめぐまれていたという事実も見逃せません。日本には1000種類以上もの木があり、そのうち100種類以上が実際に利用されているといわれます。と言われてもピンと来ないかもしれませんが、木の種類がたくさんあるというのは自然の林に一歩足を踏み入れてみれば、すぐにわかることで、葉っぱの形や幹の模様、枝の張り方などがさまざまな、たくさんの木がそこにはあります。それらの木は伐り倒されて木材になったときも、硬さの度合いや重み、しなやかさ、強さ、木目、あるいは匂いや手触りなどがそれぞれ異なり、独特の個性を発揮します。

このようにたくさんの樹種に恵まれ、それぞれが独自の性質を有していたこと、そして、後でまた触れますが、割りやすかったり、軽かったりと、扱いやすいこともあって、木はさまざまな用途で使われるようになりました。木の種類が豊富

日本の森はたくさんの樹種にめぐまれている

だったからこそ、私たち日本人は多様な木の文化を育むことができたのだともいえるでしょう。

■暮らしの中にもたくさんの木がある

今でも私たちの身の回りには、さまざまな木製品があり、それらにはいずれもその用途に適した木が選ばれて使われています。たとえば、金槌の柄には堅くて頑丈なカシ類が使われますし、まな板に使う木としては、脂分を含んで水気をはじき、適度な柔らかさもあるので庖丁の刃にやさしいイチョウが珍重される――といった具合です。さらに、一般的には餅つき用の臼《うす》にはケヤキが使われますが、東北や長野県の山間地では、ケヤキと同様に堅くて割れにくいミズメを使うこともある、というように、地域によって異なる樹種が選ばれるケースもあります。

ふだん、とくに気を留めなければ、そうした木製品を見ても、単に木製であるということしか感じないかもしれません。あるいは、木でできているということさえ意識しない人だっているでしょう。でも、じつは家の中には、案外さまざまな種類の木が持ち込まれているのです。

これは何の木かな？　なぜこの木が使われているんだろう？　そんなふうに木製品をじっくり眺めてみてください。触って感触を確かめてみてください。木のことや森のことを、もっと知りたくなってきませんか？

2 そもそも木とは？
――草や竹とどう違うのか

■木は最も長生きする生き物

木とはいったいどのような生命体なのでしょう？

言うまでもなく、木は植物の一種です。細胞分裂を繰り返して生長し、ひとつひとつの細胞には、太古から受け継がれてきた遺伝子が存在します。その命の素になるエネルギーを生み出すのが葉で行われる「光合成」です。

木は地中から水分と養分を吸い上げ、葉では空気中の二酸化炭素を取り込み、それらを原料として太陽エネルギーと葉の葉緑素の働きで糖分をつくります。これが光合成で、その際、水が分解されて発生した酸素を木は空気中に放出します。最近は光合成によって空気中の二酸化炭素が吸収され、炭素として固定されるということが、地球温暖化防止の観点から注目されています。

木は地球上で最も長生きする生物でもあります。現在、確認されている世界一長生きの木はアメリカのカリフォルニア州にあるマツ科の木で、樹齢4800年にも達するとされています。日本では屋久島の縄文スギが樹齢7200年と言われていますが、そこまではいかないとの説もあり、はっきりしていません。ただ、いずれにしろ、スギやケヤキ、クスといった長生きする樹種の場合は、数百年から1000年近い樹齢を重ねた木がかなりありますから、他の生物とは比較にならないほどの長寿であることは間違いありません。

■木の特徴は太り続けること

ところで植物といえば、木のほかに草や竹も思い浮かびます。では木と草とはどこが違うのでしょうか。また、竹は木なのか、草なのか、どちらでしょうか。

一般的には植物は木本植物と草本植物、いわゆる木と草に分けられます。双方の違いは何かというと、木本植物には上に伸びる（伸長生長）だけでなく、樹皮のすぐ内側に細胞分裂を担う「形成層」という組織があって、横にも太り続けるという特徴があります（肥大生長）。草本植物は肥大生長をすぐにやめてしまい、その後は上には伸びていくものの、横には太りません。要するに植物のうちで上にも伸び、横にも太るものが木、一定の太さになった後は上にしか伸びないものが草という分類になります（本章④参照）。

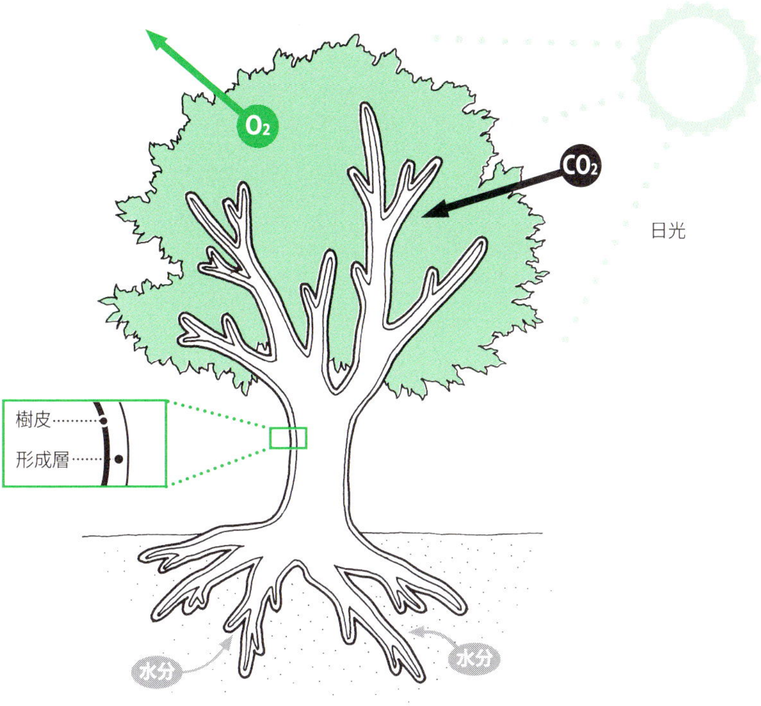

【木に命のエネルギーをもたらす光合成】

木と草には、木化《もっか》という現象の有無という違いもあります。木が横に太っていくのは細胞分裂によるものですが、分裂して生まれた細胞の多くはすぐに死んでしまいます。しかし、ただ死ぬだけではなく、その際に細胞壁が強固になるような成分変化が起きます。これが木化で、面白いことに木の内部は、ほとんどが木化した細胞、つまり細胞の死骸で占められています。それらが束になって木が立っているのを支えているわけです（本章③参照）。

■竹は木でも草でもない

では、竹はどうかといえば、じつは竹も木化した細胞で支えられているという点では木と同じです。ところが、竹の場合は形成層がなく、肥大生長も伸長生長も 60 日くらいでやめてしまいます。その後は太ることはありませんので、この点では草と同じです。つまり、竹は木と草の双方に近い性質をもっていて、そのどちらなのかと決めつけることはできません。要するに、「竹は竹」なのです。

3 木の組織構造

■強固なハチの巣構造

木の細胞には、仮道管《かどうかん》、道管要素（道管要素が上下に連なったものが「道管」）、木繊維《もくせんい》、柔細胞《じゅうさいぼう》などがあります。それぞれ細胞には、水を通す役割（仮道管、道管要素）、木が立っているのを支える役割（仮道管、木繊維）、養分を蓄える役割（柔細胞）といった働きがあります（本章⑤参照）。

このうち、養分を蓄える柔細胞はレンガ状ですが、そのほかの細胞は穴が空いたパイプのような細長い形をしています。数を比較すると、パイプ状の細胞が圧倒的に多く、針葉樹では95%、広葉樹でも80%程度（樹種によって異なる。キリのように柔細胞が多いものもある）を占めていて、それらが生まれたらすぐに死

スギの顕微鏡写真。中空の細胞がびっしりと並ぶハニカム構造（写真提供／森林総合研究所）

んで木化する細胞です。

パイプ状の細胞の多くは、幹の方向と同じ縦に配置されていて、木の内部はそれが束になったような構造になっています。そのため、木材を輪切りした断面を顕微鏡で拡大すると、無数の穴が開いているように見えます。こうした構造はハチの巣に似ていることから、「ハニカム構造」（ハニカムとは英語で「ハチの巣」の意味）と呼ばれ、軽さと強度の両立に寄与します。

■細胞壁は鉄筋コンクリート構造？

細胞を形づくっている細胞壁は、そのほとんどがセルロース、ヘミセルロース、リグニンという３種類の成分で構成されています。セルロースは繊維状になっていて、ヘミセルロースはそれをつなぐ役割を担っています。そのセルロースとヘミセルロースでつくられた繊維の束の周りを固めているのがリグニンです。

これを鉄筋コンクリートにたとえると、セルロースが鉄筋、鉄筋をつなぎ止める針金がヘミセルロース、充てんされるコンクリートがリグニンというイメージです。前項で説明した「木化」とは、細胞の死に伴ってリグニンが細胞壁内に充てんされ、壁が強固になることをいいます。

なお、仮道管や道管要素、木繊維の細胞壁は「セルロースマイクロフィブリル」という微細繊維で構成されています。この微細繊維は非常に高い引っ張り強度を持ち、それが細胞壁の強度を高めて木材の強さを生み出しています（本章⑩参照）。

4 年輪は情報の宝庫

■木の生長はアイスクリームコーンの積み重ね？

木の年齢（樹齢）を知るには年輪を１つずつ数えます。では年輪はどうやってつくられるのでしょう。

人間を含む他の生物と同様、木も細胞分裂によって生長します。細胞が分裂している場所は、梢や枝や根の先端にある「生長点」という組織と、幹や枝を覆っている樹皮の内側にある「形成層」という組織です。

形成層では「木部細胞」（仮道管、道管要素、木繊維などの総称）が細胞分裂によって生み出され、それらが木の内部に増えていくことによって形成層は外側に押し出されていきます。これによって木は太る（肥大生長）わけです。たとえて言うなら、円錐形のアイスクリームコーンがつぎつぎと積み重なっていき、全体が太く大きくなっていくようなイメージです。

一方､形成層の外側でも栄養素を蓄えたり､下方に送ったりという役割を担う「師部細胞」という細胞が分裂していきます。しかし、形成層の内側で行われている分裂ほど活発ではなく、また分裂後に剥《は》がれ落ちたりしてしまうので、外側には年輪は形成されません。

■年輪を数えて樹齢を知る

次に年輪がどうやってできるのかを針葉樹を例に見ていきましょう。

木は春から夏にかけての気候のよいときに盛んに生長します。このときにできるのは、膜が薄く、形の大きな細胞です。この部分を早材《そうざい》（あるいは春材《はるざい》）といい、

【木の生長】アイスクリームコーンを重ねていくイメージ

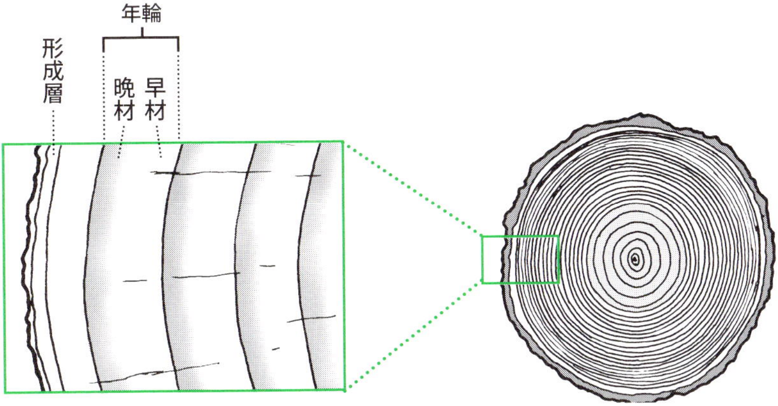

【年輪】早材と晩材がセットで１つの年輪

空隙《くうげき》が多いために色が薄く見えます。

夏の終わりになると、だんだんと生長が鈍ってきます。このときにできる細胞は、壁が厚くて形が小さく、そうした細胞が密集するために色が濃くなって線のように見えます。この部分を晩材《ばんざい》（あるいは夏材《なつざい》、秋材）といいます。さらに季節が進み、秋の半ばから終りになると、細胞は分裂しなくなり、生長が止まります。

年輪とは、早材と晩材をワンセットにしたもので、この太さで木が１年にどれだけ生長したのかがわかります。樹齢を調べるときは、年輪の真ん中から色の濃い晩材を数えていきます。ただし、熱帯のように１年を通じて暖かい地方だと、１年中同じような生長を続ける木もあり、そうした木は年輪の境が不明瞭でわかりにくくなります。

なお、枝でも肥大生長があり、年輪がつくられるため、枝が生えていたところを製材すると、木目の中に幹とは別の小さな年輪が現れます。これが節です。

■生育条件で年輪のでき方が異なる

木の生長の度合いは、その年の気候や生育場所、さらに人工林の場合は手入れの仕方によって左右されます。その年が暖かければ、細胞分裂が活発に行われ、年輪は太くなります。山の斜面では、南面の日当たりのよいところは育ちがよくなりますが、それに比べて北面は生長が遅くなります。木が密集して競争が激しいところに生育している場合も生長が遅く、年輪が細かくなる傾向があります。

年輪は木材の品質とも大きくかかわってきて、建築用によく使われるスギやヒノキといった針葉樹の場合は、年輪が細かい（「目が詰んでいる」といいます）ほうが一般に価値が高いとみなされます。そのため、生育場所でいえば、北斜面のほうが優良な木が育つとされています。

■年輪をコントロールする

人が育てる人工林（３章①参照）の場合は、目が詰んだ木にするために、さまざまな工夫をします。たとえば古くから林業が盛んな奈良県の吉野地域や京都府の北山地域、あるいは三重県の尾鷲地域といった産地では、植林する際にたくさんの苗木を植え、生長するに従って少しずつ間引いたり（間伐、４章⑪参照）、枝を切り落としたり（枝打ち、４章⑫参照）と、とても手間をかけて木を育てます。

一般的な植林本数は1ha（約3000坪）に3000本程度で、だいたい１坪（2畳）の広さに１本の苗木を植えるイメージです。ところが、吉野や北山、尾鷲などでは、1haに5000〜6000本、あるいは8000〜１万2000本と、通常の２〜４倍もの苗木を植えます。

ただし、このままでは苗木の生長に従ってどんどん窮屈になるので健全には育ちません。そこで、木を少しずつ間引いたり、枝を切り落としたりして、生長をコントロールしながら必要な空間を確保してやるようにします。間引きをすれば密度が変わりますし、枝をどれくらい残すかによって葉の量が変わるので、光合成の度合いが変わってくるわけです。

ふつうは木も人間と同じく若いときほど生長が旺盛なので、中心近くの年輪ほど太くなる傾向があります。しかし、このように手をかけて育ててやると、真ん中から外側まで同じ幅の細い年輪が連なる、とても美しい木目の木になります。なお、枝を切り落とすのには節のない木をつくるねらいもあります（本章⑪参照）。

■自らを守るために毒をもつ

木を輪切りにして年輪全体を見ると、芯に近いほうは色が濃く、樹皮に近い外側のほうは色が薄くなっているのがわかります（エゾマツやトドマツのようにわかりにくい樹種もあります）。色の濃い部分は「心材」あるいは「赤身」といい、薄い部分は「辺材」あるいは「白太《しらた》」といいます。

芯に近い色が濃い部分が心材で、耐久性が高い。樹皮に近い色が薄い部分が辺材。
その間の白っぽい部分が白線帯

辺材では養分（デンプン）を蓄える柔細胞（本章③参照）がまだ生きていますが、心材ではそれも死んでしまい、すべての細胞が死んだ状態になっています。本章②では、木の細胞は分裂後にまもなく死んで「木化」すると説明しましたが、仮道管や道管要素といった細胞が木化した後も柔細胞はしばらく生きています。その状態のところが辺材、柔細胞も死んでしまったところが心材というわけです。

辺材と心材の間には「白線帯《はくせんたい》」という白っぽい部分があり、ここで辺材から心材への移行が起こります。柔細胞が死を迎えるときです。その際に柔細胞は、蓄えていたデンプンを消費し、微生物や虫が嫌う物質をつくって、自分とその周りの細胞の壁の中に注入します。それによって色が変わるわけですが、色の違い以上に辺材と心材で異なるのは耐久性の高さです。

辺材にはデンプンが蓄えられているため、虫や微生物の被害を受けやすくなります。一方、心材には微生物や虫にとっては毒となる成分が含まれているために被害を受けにくく、その分、耐久性が高くなります。そのため、ヒノキやヒバといった耐久性が高いことで知られる樹種でも、土台など湿気の影響を受けやすい場所に使う場合は心材を選ぶようにします。

5 木を分類しよう

■針葉樹と広葉樹では細胞の構成が違う

木は針葉樹と広葉樹に分類されます。その違いは読んで字のごとく、葉が針やうろこのように細かい形をしているものが針葉樹、葉の幅が広くて平べったい形をしているのが広葉樹です。ところが例外もあって、街路樹でよく見かけるイチョウは、どう見ても広葉樹らしい葉をしているのにじつは針葉樹です。

針葉樹は柔らかく、広葉樹は堅いというのは、よく言われることで、確かにそのような傾向があるものの、一概には言えません。たとえば和箪笥《わだんす》の材料として知られ、国内ではもっとも軽くて柔らかい木であるキリは広葉樹です。逆に針葉樹でもカラマツやアカマツのように、そこそこ堅い木はあります。

針葉樹と広葉樹の明確な違いは細胞にあります。木の細胞にはいくつかの種類がありますが、針葉樹の場合、「仮道管」というパイプのように細長くて中空の細胞が全体の 9 割以上を占め、これが水分の通路にもなり、木が立っているのを支える役割も担っています。一方、広葉樹は、「道管要素」というパイプ状の細胞が上下に連なった「道管」が水分の通路となり、それとは別の「木繊維」細胞が木を支えていて、いわば分業体制が確立しています。こうした細胞の違いをもとに、道管があるものを広葉樹、ないものを針葉樹と区別しています。

■細胞の配置を肉眼でチェック

しかし、それは細胞レベルの話で、普通には見分けられないじゃないか――と言われそうですが、じつは道管の直径は一般的な広葉樹なら 0.1mm 程度、ミズナラやケヤキなら 0.3mm 程度と案外大きいので、木を横に切った断面を目を凝らして見ると、小さな穴が開いたようになっていて「これがそうかな」というものが見つかります。しかも広葉樹は道管の配置にいくつかのパターンがあって、それが樹種を特定する手がかりにもなります。

大まかなパターンは 3 種類(p.62 の写真参照)。1 つは道管が年輪の中に散らばったようになっている「散孔材」で、このタイプにはカツラやホオノキ、ブナ、カエデ、ヤマザクラ、クスなどがあります。

道管の直径が大きく、しかも年輪の線に沿って集中しているタイプは「環孔材」

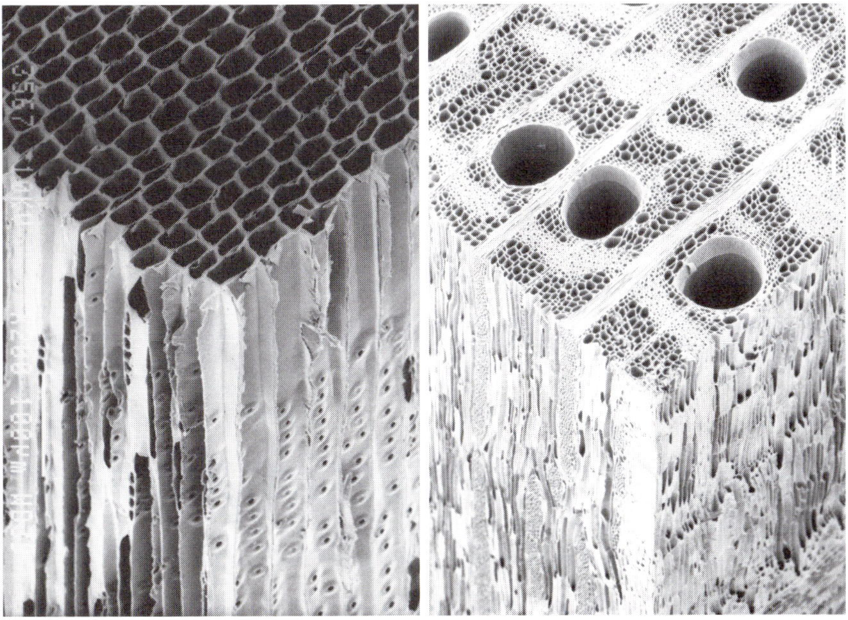

左：針葉樹（ヒノキ）の顕微鏡写真。無数の小さな穴が並んで見えるのが仮道管
右：広葉樹（ケヤキ）の顕微鏡写真。大きな穴が開いて見えるのが水を運ぶ道管
（写真提供／森林総合研究所）

といい、ケヤキ、ミズナラ、セン、ヤマグワなどがあります。環孔材は木目がきれいに出ることから家具などによく使われます。

３つ目のタイプは、年輪に対して放射状に道管が並んでいるもので、「放射孔材」といいます。代表的なものはシイ類やカシ類です。

なお、針葉樹が地球上に出現したのは約３億年前といわれ、一方、広葉樹はそれより後の１億～１億5000年前に出現したといわれます。広葉樹は細胞の分業体制が整っていることなどから、針葉樹が進化したものと位置付けられます。

■気候と葉っぱの関係～落葉樹と広葉樹

冬や乾季といった一定の季節になると、葉をすべて落としてしまう木を「落葉樹」といいます。それに対して、１年中、緑の葉が付いた状態で過ごす木を「常緑樹」といいます。ともに針葉樹と広葉樹の双方があります。

日本では落葉樹はおもに寒い地方に多く分布します。針葉樹の場合は多くが常緑樹で、落葉する針葉樹はカラマツなど一部に限られます。

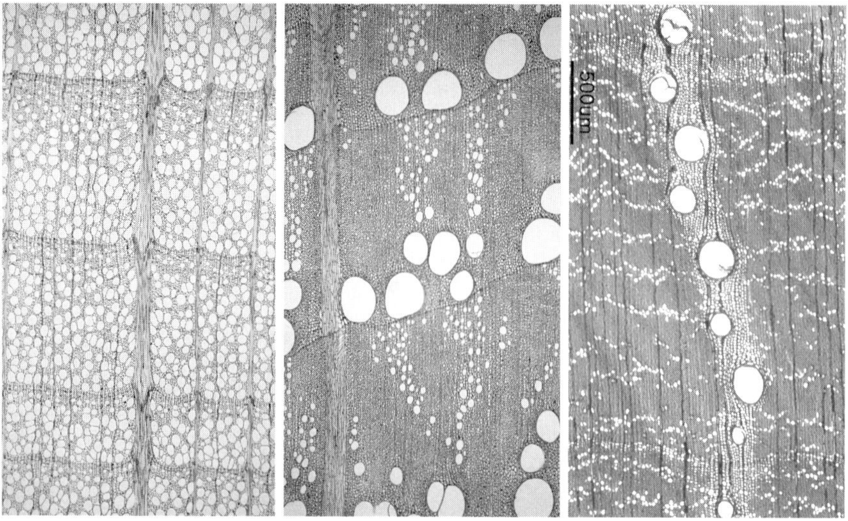

左から散孔材（ブナ）、環孔材（ミズナラ）、放射孔材（イチイガシ）の顕微鏡写真。
年輪の向きはいずれも写真の長辺に対して直角方向　（写真提供／森林総合研究所）

木にとって、光合成でエネルギーをつくり出す葉はとても大切です。ただし、光合成を行うには太陽エネルギーが不可欠で、冬になると日照時間が少なくなってしまう寒い地方では、葉を茂らせていてもあまり意味がありません。しかも広葉樹のように幅が広くて薄べったい葉になると、寒さにも弱いため、葉を付けたままで維持していること自体が負担になってしまいます。それならいっそ、葉を落としてしまい、じっと春を待とうというのが冬を乗り切るための落葉樹の戦略です。ミズナラやブナのように、寒いところに生育する広葉樹の多くが冬に葉を落とすのはこのためです。

常緑の広葉樹は、比較的暖かい地方で生育します。代表的なものはシイやカシの類です。それらはいずれも葉の表面の照りが強いため、常緑広葉樹の森のことを「照葉樹林」とも呼びます。

一方、針葉樹には、同じ土地面積で比較すると、広葉樹よりも葉の面積が大きいという特徴があります。光合成に必要な太陽の光は、木の下方に行くにしたがって枝葉にさえぎられて減少することになりますが、針葉樹は葉の面積が多い分、光を効率的に利用できます。そのため、針葉樹は光の量が少ない北方の寒冷地に適応しやすく、また、広葉樹よりも生長量が大きいという特徴があります。

6 木材利用の第一歩——伐採と製材

■伐採シーズンは秋から冬

木を利用する場合のプロセスをまとめると、①立ち木を伐り倒す→②倒れた木の枝葉を払い、必要な長さの丸太に切りそろえる→③丸太を製材して製材品（角材や板材）にする→④製材品を乾燥させる→⑤乾燥した製材品を利用して住宅や家具、木工品などをつくる——という流れになります。

太くて背の高い木を伐り倒すのにはとても高度な技術が必要です。ねらった方向に確実に倒し、その際に幹が裂けたり割れたりしないように伐採技術者は細心の注意を払って作業を進めます。

一般に伐採に適する時期は木が生長を止める秋から冬（本章④参照）にかけてとされています。この時期は木に含まれている水分が少ないので材質が安定していますし、必要な木だけを抜き伐りする場合に近くの木の枝や幹にぶつかったとしても、樹皮がはがれて傷がつく可能性が小さくなります（水を吸い上げている時期は少しの衝撃で簡単に樹皮がはがれてしまいます。そのため、樹皮を利用する際はその時期をねらって伐採するケースもあります）。

伐り倒した後、3カ月～1年ほど葉を付けたまま放置する「葉枯らし乾燥」を行うこともあります。それによって木の中の水分が葉から蒸発していき、ある程度、乾燥が進むとともに、重量も軽くなって扱いやすくなります。スギの場合は葉枯らし乾燥を行うことで心材（本章④参照）の色合いがよくなるという効果もあります。

■「木取り」が品質を決定する

製材作業の前に、丸太のどの部分から、どんな製材品をつくるのかを決めることを「木取り」といいます。木取りは丸太を無駄なく利用し、使い方に即した木目の製材品をつくるための、とても重要な作業です（とくに1本の丸太から多くの製材品を取る大径材の場合）。

木には繊維に対する方向によって乾燥に伴う収縮の度合いや強度が異なるという性質（「異方性《いほうせい》」といいます）があります（本章⑧参照）。木取りを行うときは、そのような木の性質を踏まえて使用目的に合った製材品がつくれるように丸太の

木取り作業。製材機で挽く前に
丸太のどこを裁断するか決める

木取りした通りに製材。ベルトをかけて、
製材した板が転がって傷むのを防ぐ

どこを裁断していくのかを決めます。

製材品の表面に現れる木目の美観を重視して木取りを行うこともあります。その場合はどの部分なら節が出ないのか、あるいは美しい木目が出るのかを外側から見るだけで判断しなければなりません。熟練した製材職人は表面に現れたさまざまな特徴と、長年の経験によって培われたカンによって木取りの位置を決めていきます。

製材作業には丸鋸《まるのこ》や帯鋸《おびのこ》といった製材機械を利用します。大量生産をめざした工場では自動化された製材機械がすさまじいスピードで製材品をつぎつぎと生産していきますが、木の品質を重視する工場では、じっくりと時間をかけて丸太に鋸を入れていきます。

「銘木《めいぼく》」と呼ばれる価値の高い木を製材する場合は、機械の摩擦熱による変色を嫌って、大きな鋸を人力で操作して丸太を裁断していくこともあります。そうしたやり方を「木挽《こび》き」といい、それに携わる職人を「木挽き職人」といいます。

7 木を乾かす

■木は乾くと縮む

木は内部から水分が抜けて乾燥が進むと縮む性質があります。乾燥が不十分な木を使うと、後になってから狂いが生じることがあるので注意が必要です。

生きているときの木はたっぷりと水を含んでいて、伐り倒した直後の木の含水率（木そのものの重さに対し、水がどれくらい含まれているかの割合を％で示したもの）は辺材部で特に高く、針葉樹の場合はほとんどが100％を超えます。スギのように水を多く含む樹種では、含水率が200％と、木そのものの重さの倍も水が含まれていることさえあります。

木の内部に含まれている水には、細胞の内腔《ないこう》（細胞の中空部分）などの空隙に入っている水分（自由水）と、細胞壁に含まれる水分（結合水）とがあります。最初に抜けていくのは自由水で、それがなくなった状態を「繊維飽和点」といいます。このときの含水率は30％程度で、ここまでは木の寸法に変化はありません。しかし、結合水が発散し始めると、それにつれて細胞が収縮し、木が全体に縮んできます。外部の温湿度環境と釣り合った状態になると乾燥が止まり、収縮も収まります。このときの状態を「気乾状態」といい、日本の場合は含水率が15％程度となります（軒下の雨が当たらないところの場合）。

■天然乾燥か、人工乾燥か

木を乾燥させるには、水分が自然に発散するのを待つ「天然乾燥」と、密閉された乾燥機の中で高温の蒸気を吹きかけたり、電磁波で木の中心部を熱したりして強制的に水分を発散させる「人工乾燥」の２つの方法があり、それぞれに長所と短所があります。

天然乾燥の魅力は、木がもつ本来の色つやや温かみが損なわれないことです。短所は時間がかかることで、薄い板でも少なくとも数カ月間は乾燥期間が必要ですし、柱や梁といった大きな材料になると、水分が十分抜けるまで何年もかかる場合があります。

人工乾燥は、板材なら数日程度、柱や梁でも１～２週間という短期間で木を乾かすことができます。しかし、装置の設置費用や運転経費がかかってしまいます

天然乾燥。板全体が空気に触れるよう細い木をはさみ、時間をかけて乾かす

人工乾燥。専用の装置に入れて密閉し、高温の蒸気を当てたり、高周波で処理したりして内部の水分を蒸発させ、時間を大幅に短縮

し、最近は表面割れを防ぐ効果をねらって100℃を超える高温の蒸気を当てるケースが増えていますが、そのような高温での処理を施すと、木の本来の味わいがどうしても損なわれてしまいます。

どのような乾燥方法を選ぶかは、木の使用目的や好みによって分かれますが、指物師《さしものし》や伝統的な木組みで家を建てる大工といった手仕事で木を扱う職人は、天然乾燥を好む傾向があります。彼らは木の癖を読み取る能力に長けているので、乾燥が多少行き届かない木でも、変形の度合いを予測し、むしろそれを生かした木の組み方をすることができます。

一方、仕口《しくち》や継手《つぎて》といった接合部分の加工を機械が自動で行うような場合（「プレカット加工」といいます）は、安定した品質の人工乾燥材が選ばれる傾向があります。

8 生物材料としての魅力①
木の異方性を見極める

■年輪や繊維の向きで性質が異なる

木という素材の面白さは、生物材料であるがゆえの個性や性質を備えていることにあります。言い方を変えれば、不揃いで不均質ということでもあり、コンクリートや鉄といった工業材料と引き比べ、欠点としてあげつらう向きもあります。しかし、そうした個性や性質をうまく利用することで、よい結果を導き出す楽しさは、均質なだけの工業材料では味わえません。ここからは、木の個性や性質と、それを生かした利用の仕方を見ていきます。

木は年輪や繊維に対する向きによって異なる性質を示します。そのことを「異《い》方性《ほうせい》」といいます。前項で見た乾燥に関して言えば、乾燥に伴う収縮の度合いは、木の幹に平行な方向（繊維方向）、年輪に直角の方向（半径方向）、年輪に沿った方向（接線方向）の順に大きくなります。その比率はおおむね「1：10：20」と、かなりの差があります。

製材品で、年輪に対して直角に切り出した面の木目を「柾目《まさめ》」、年輪に対して接線方向に切り出した面の木目を「板目《いため》」といいますが、上記のような異方性から乾燥による収縮は板目板の方が大きく、それに比べて柾目板は収縮が小さいので、その分、寸法が安定していることになります。

■異方性を用途に生かす

この性質の違いを生かしたのが、桶と樽の材料の使い分けです。風呂桶やお櫃《ひつ》のように中身を出したり入れたりして湿り気の度合いが頻繁に変化する桶には寸法の安定している柾目板を、酒や味噌などを入れっぱなしにして、つねに湿った状態の樽には、湿り気を吸って膨張することで材同士がぴったりとくっつき、中身の漏れが防止される板目板を使います（板目は乾燥による収縮が大きい分、乾いた状態で湿気を吸うと大きく膨張する性質がある）。

また、板目板の場合、乾燥が進むと木表（年輪の外側を向いた面）側に向かって凹状に反る性質があるため、たとえば鴨居や敷居に板目板を使う場合は、木表側が襖や戸と接するようにすれば、施工後に乾燥が進んだとしても開閉がスムーズに行えます。

強度に関しても、木はやはり異方性を有していて、半径方向、接線方向、繊維方向の順に強度が高くなります。たとえば、年輪に対して半径方向に木取りした柾目板は、縦にまっすぐ揃った木目に平行に力を加えると簡単に割れてしまいますが、板目板に同じ方向で力を加えても簡単には割れません。よく空手の演技で板を割る場面がありますが、それが柾目板なら割れたからといってあまり簡単に感心しないようにしたいものです。

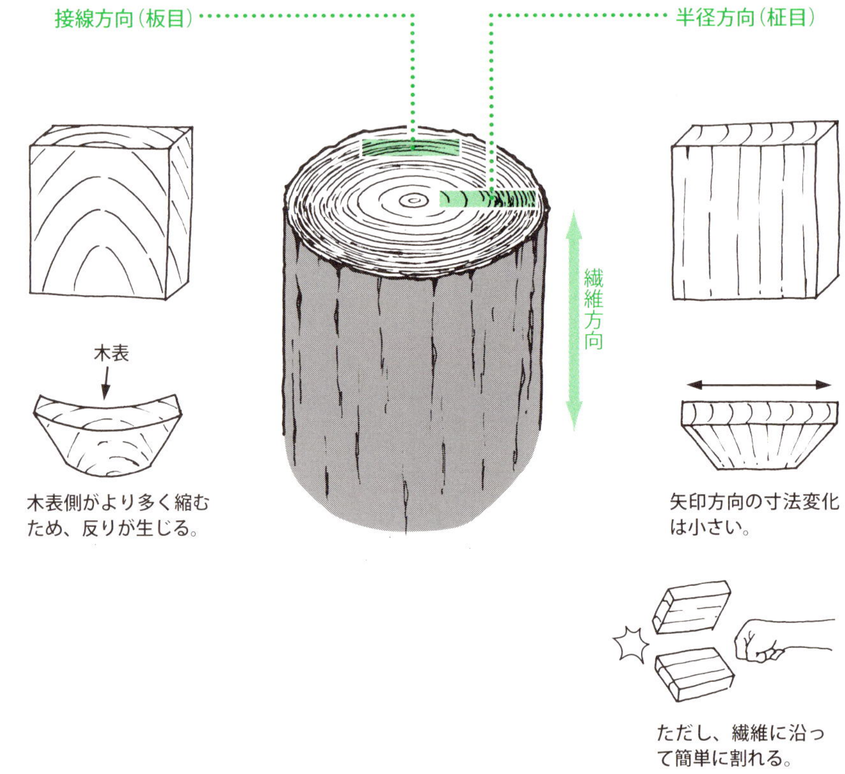

【木の異方性】
木は木目の向きによって性質が異なる

9 生物材料としての魅力② オンリーワンの素材

■木の繊維構造を活用する

私たちはまだ十分な道具がなかった時代から木をさまざまな用途で利用してきました。それが可能だったのは、木がとても加工しやすく、扱いやすい素材であるからにほかなりません。それには木の組織構造が大きく関係しています。

本章③で見たように、木は細長いパイプ状の細胞が束になったような構造をしています。前項でも触れたように、繊維方向の強度は非常に強く、それは細胞壁を構成している微細繊維（本章③参照）が高い引っ張り強度を有するためですが、微細繊維には裂けやすいという特徴があります。そのため、木には縦に裂けやすい（あるいは割れやすい）という性質があり、鋸がまだなかった時代でも、人々は丸太の小口や側面に矢を打ち込んで割ることにより、簡単に製材品をつくることができました。

その後、鉞《まさかり》（丸太の側面を切り落として形を整えるのに使う斧）や釿《ちょうな》（大きな平鑿《ひらのみ》が付いた鍬形《くわがた》の斧）で丸太の外側の不要な部分を削り落とすようにして（「はつる」といいます）角材や板材をつくる技術が生まれましたが、それもやはり木の裂けやすさを利用した加工法だといえます。鑿で木に穴を掘る（「穿《うが》つ」といいます）のも同様です。

■鋸の歯を使い分ける

木を割ったり、釿ではつったりすることが木の繊維構造を利用しているのに比べ、鋸で木を切るという行為は、木に対してより攻撃的に立ち向かうことだと言えるかもしれません。しかし、その鋸にしても、木の特性に応じた使い方の工夫があります。

木の長さ方向に対して直角に鋸を入れて丸太を切りそろえる作業を「横挽き」といい、長さ方向に対して平行に鋸を入れて厚さをそろえていく作業を「縦挽き」といいます。それぞれの作業に使われる鋸の歯の形状は異なっていて、横挽き鋸の歯型は繊維を効率よく切り裂けるように小刀に似た歯を並べたような形をしています。一方、縦挽き鋸は繊維と平行な方向に歯を入れ、連続して細い穴を掘っていくような作業になるので、鑿の先を縦に並べたような歯型をしています。どちらの鋸も、木材に締め付けられて動かなくなるのを防ぐため、１本１本の歯先を交互に少しずつ左右に曲げ、鋸の身よりも歯が開いた状態にしてあります。そうした開きのことを「アサリ」といいます。

現在の製材作業は、ほとんどの場合、動力を使った製材機械で行われていますが、それに使われる鋸の形状もいま説明したものと基本的に同じです。

■順目《ならいめ》と逆目《さかめ》を見極める

木を割ったり、はつったり、切り裂いたりして得た製材品をさらに加工するときも、木の性質を生かした、あるいは木の性質に逆らわないような方法で行うのが原則です。

本章④で見たように、木はアイスクリームコーンが重なっていくようなイメージで生長します。そのようなコーンの重なり部を先端から裾に向かって見下ろすようになる方向を「順目」、その逆に重なり部を見上げるようになる方向を「逆目」といいます。

木の表面に刃物を当てる場合、順目ならば切ったり削ったりがスムーズに行え、仕上がりもきれいになりますが、逆目だと刃先がコーンの重なり目に食い込みやすく、仕上がりがささくれたり、予想以上に繊維がはがれてしまったりといったことが起きやすいので注意が必要です。このため、順目と逆目を見極めることがとても大切になりますが、節のまわりや繊維が乱れて独特の木目を見せているようなところ（「杢《もく》」と呼んで珍重する場合が多い）は、順目と逆目が入り組んでいるため、加工にとても気を遣《つか》います。

■木だけで木と木をつなぐ技

木と木を接合する場合に発揮される特性も、生物材料である木ならではのものです。

伝統的な木造建築や指物《さしもの》をつくる技のすばらしさを表現するのに、よく「釘を一本も使わずに木を組んでいる」ということがいわれます。たとえば伝統構法の継手《つぎて》や仕口《しくち》は、接合部を独特の形状に加工して木を組み、それぞれの木に効くように込栓《こみせん》や鼻栓《はなせん》といわれる円筒形あるいは直方体をした木製のピンを打ったり、楔《くさび》を打ち込んだりしてがっちりと接合します。この場合、確かに釘は使わず、木だけで強固な接合が実現しています。

じつはこうした組み方ができる材料は、木以外にはありません。たとえば、鉄

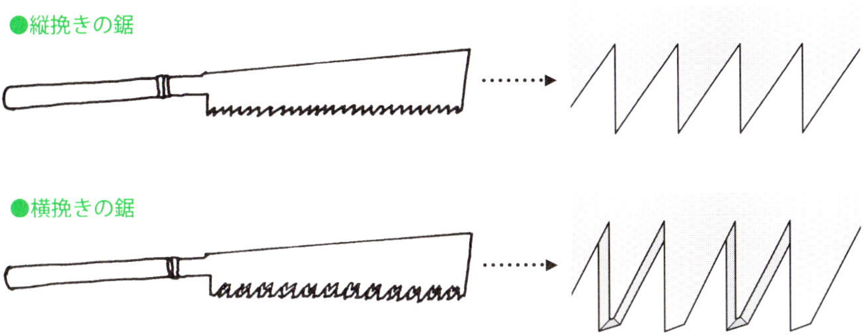

【鋸の歯】
「横挽き鋸」と「縦挽き鋸」の歯。木の繊維に対する向きで使い分け

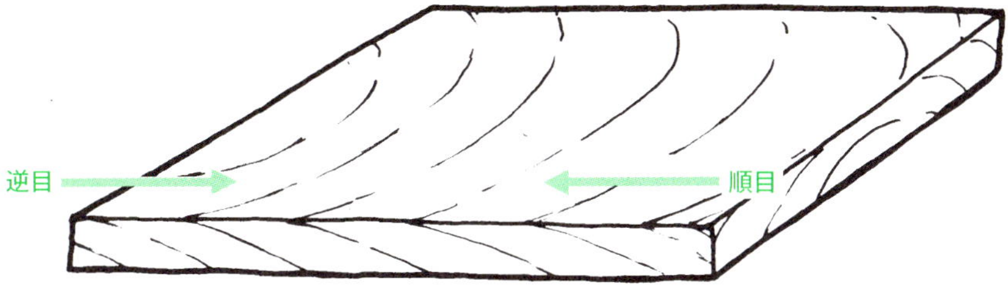

【順目と逆目】
木目の重なりを木の先端から見下ろす方向が「順目」、その逆が「逆目」。逆目は刃物が食い込みやすいので注意が必要

をまったく同じ形状に加工して組み、鉄製のピンを打ったところで、それだけでは接合することはできません。なぜなら、鉄はとても固く、しかも寸法が安定しているため、ぴったりとすき間がないように組んだとしても、そのように組めたということは、外すこともできてしまうのです。鉄を接合する場合にネジを切ったピンを打ち、ボルトで締めあげるのはそのためです。

■木をめり込ませる

では、なぜ木は組んだ部分が外れないのでしょう。それは、木が中空の細胞でできた材料だからです。

木と木を組み合わせる場合の接合部は、じつは少しきつめにつくられていて、そのままでは簡単に組むことができないようになっています。これが鉄なら、その時点で加工ミスということになってしまうでしょう。ところが木の場合は、木《き》槌《づち》や掛矢《かけや》（大型の木槌）で叩いて無理に嵌《は》め込むことができます。それは、細胞の中空部分がひしゃげることによって、狭いところでもめり込むことができるようになるためです。簡単に叩き込むことができない場合は、打ち込む側の木を玄《げん》翁《のう》で叩いて少しだけつぶすという手を使うこともあります（「木殺し」といいます）。いったん組んだ後に木が湿気を吸って膨張すると、ひしゃげたり、つぶれたりした部分が元に戻ろうとすることによって木同士がさらにめり込み合い、接合強度がいよいよ高まっていきます。

この「めり込み特性」こそ、他の材料にはない木だけの特性であり、釘やボルトを使わなくても木を組むことを可能にしている秘密です。さらに言えば、じつは釘を使って木をつなぐという行為も、やはり木のめり込み特性を利用したものであることに変わりはありません。

組めないものを組む。入らないところに入れる。そんな芸当が簡単にできるところに、生物材料である木を扱う面白さがあります。

10 生物材料としての魅力③ 木は強くて温かい

■木は軽くて強い

木が中空の細胞で構成されているという特徴は、木材にさまざまな物理的特性をもたらしています。その第一は「軽さ」です。伐り倒したばかりの木は細胞の中にたっぷりと水を含んでいますが、乾燥が進んで水分が蒸発し、細胞の中が空になると、とても軽くなります。しかも、ただ軽いだけでなく、本章③で見たように木の細胞はとても丈夫な構造になっているので、軽さのわりに高い強度が備わっています。

木の強度は同じ大きさで比較するなら鉄やコンクリートに劣ります。しかし、重さが同じなら他の材料に引けを取りません。とくに引っ張り強度に関しては、鉄やコンクリートよりもはるかに高い数値を示します。何かを高い強度でつくろうとしても、その物自体が重くなってしまえば、扱いにとても苦労することになります。木が「軽くて強い」というのは、とても優れた特性なのです。

■木は熱を通しにくい

木には熱を通しにくいという特性もあります。金属やガラスのように熱を伝えやすいものは、触ったときにこちらの体温が奪われてしまうので、ひんやりと冷たく感じます。一方、木だと熱がそれほど奪われないので温かく感じます。こうした性質を「断熱性能が高い」あるいは「熱伝導率が低い」といいます。

それを利用したのが木の柄の付いたフライパンです。鉄でできたフライパンを高温で熱しても木の柄には熱がそれほど伝わりませんから、素手で持ちながら料理ができるわけです。また、無垢の木を張った床は足触りがとてもよく、温かみもあります。

木の断熱性能が高いのは、細胞の空隙に空気がたくさん含まれているからです。熱は物を伝わって移動しますが、空気は分子がまばらにしかないので熱が伝わりにくいという性質があります。窓の断熱性を高めるためのペアガラスや、魚を冷蔵したまま輸送するのに使う発泡スチロールも、こうした空気の断熱性能を利用したものです。

木の断熱性能は樹種によって異なり、空気層が多い樹種、つまり軽い木ほど熱

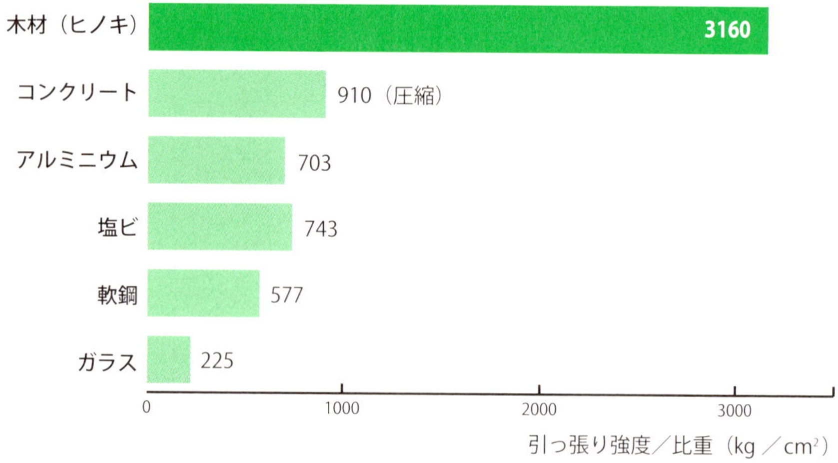

【木材と他材料の引っ張り強度の比較】
出典：木質科学研究所木悠会編『木材なんでも小事典』（講談社、2001 年）

を伝えにくくなります。日本の木でもっとも軽いのは、タンスや下駄に利用されるキリです。

■木は燃えにくい？

木が燃えづらいというのも断熱性能の高さとかかわっています。「そんなバカな。木は燃えるじゃないか」と思う人も多いでしょう。もちろん薄い木ならマッチやライターの火を近づければ、すぐに火がついて燃えてしまいます。しかし、ある程度の厚みがある太い木になると、火がついてもそう簡単には燃え尽きません。

物が燃えるためには、発火点以上の温度が保たれていることと、酸素が十分にあることが必要ですが、木は断熱性能が高いために内部に温度が伝わるのにとても時間がかかります。しかも、ある程度燃えると表面が炭化して酸素を遮ります。そのため太い木は、火が付いたとしても完全に燃え尽きるまでに相当な時間と火力が必要です。燃えやすいと思われている木造住宅でも、火事で燃え崩れるようなことはあまりなく、炭化した骨組が倒壊せずに残っている場合がほとんどです。

11 生物材料としての魅力④ 木材の美観

■枝打ちで無節《むぶし》の木を育てる

一般に木の価値を判断するには、年輪の細かさや節の有無がその指標になります。年輪の細かい木の育て方については、本章④で詳しく見たので、ここでは節のない木（「無節材」と呼ばれる）にするための手法を説明します。

節はそこに枝が生えていた名残です。枝がない木はありませんから、どんな木も必ず節があります。では、無節にするにはどうすればよいかというと、製材したときに表面に節が現れないようにすればいいわけです。そのためには、木がまだ若いうちから枝を切り落とす「枝打ち」という作業を丁寧に行います。枝が切り落とされた跡は、その後、木が太く生長することによって幹の中に巻き込まれていくので、それよりも上の部分が現れるように製材すれば、節のない木材が得られるわけです。

枝打ちは木に負担をかけないように生長が止まっている秋から冬に行います。ただし、いっぺんにたくさんの枝を落とすと木が弱ってしまうので、毎年少しずつ枝を落とすようにします。使用する道具は鉈《なた》や鋸ですが、細い枝の場合は鋭利に研いだ鎌を使う場合もあります。

■節があっても「死節」は NO ！

最近は「自然の木らしいから」と節がある木を好む人もいて、無節であることが以前ほどは評価されない傾向があります。

ただ、節は繊維の流れがそこだけ断ち切られたようになっているため、美観だけでなく強度面からも欠点と見なされます。それでも枝が枯れないうちに切り落とされて残った節（「生節《いきぶし》」という）なら、幹の繊維と強固につながっていますが、枯れ上がった枝の節（「死節《しにぶし》」という）は、薄い板の場合は指で押すと抜け落ちてしまうくらい、幹の繊維とのつながりが弱くなっています。そのため美観上のことはさておいても、強度的に問題のない木をつくるためにも、枝が生きているうちに切り落としておくことが重要になります。

「玉杢」の例。
小さな玉を散らばしたような木目が特徴
（撮影場所＝東京・新木場の梶本銘木店）

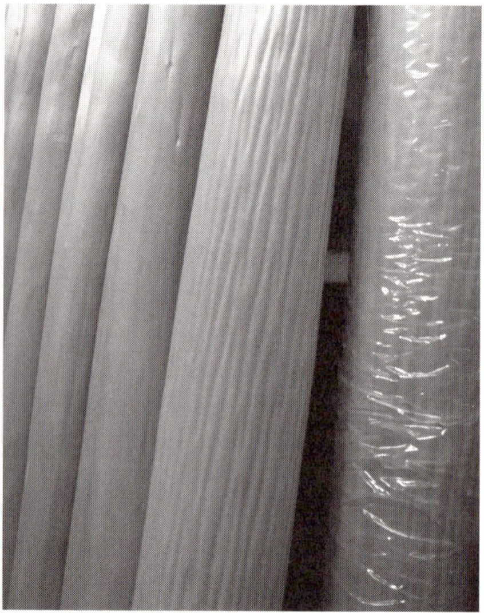

表面に小さなデコボコが現れた「絞丸太」
（撮影場所＝東京・新木場の梶本銘木店）

■木目、形、色など魅力はさまざま

自然の森で人が手をかけずに育った木の場合は、他の木や草との厳しい生存競争にさらされるため生長が遅くなり、細かくて複雑な年輪が形成される傾向があります。そのような木を製材すると、笹の葉が細かく重なったようになっていたり、小さな玉を散らばしたような模様が入っていたりと、珍しい木目が現れることがあります。そのような木目は「杢《もく》」と呼ばれ、模様によって「笹杢」とか「玉杢」といった名が付けられて高値で取り引きされます。

また、幹の表面に瘤《こぶ》が現れたり、筋状の細かい隆起がたくさん生じたりと、特徴的な形状をもつ木もあります。こうした木は瘤を残して製材したり、皮を剥いだだけの丸太を製品にしたりして、和室の床の間に立てる床柱などに利用します。代表的なものは短い筋状の隆起がデコボコと連続する「絞丸太《しぼまるた》」です。樹種はスギがほとんどで、木に割り箸のような棒をたくさん縛り付け、その圧力で人工的に幹をデコボコにさせる「人工絞《じんこうしぼ》」という製品もあります。

このほか、木には樹種ごと個体ごとに独特の色合いがあるので、それを生かした使い方をする場合があります。代表的なものが、さまざまな色の木を組み合わせて複雑な模様をつくる箱根細工（寄木《よせぎ》細工）です。

12 生物材料としての魅力⑤ 木の成分を利用する

■フィトンチッドでリラックス

誰もが認める木の魅力の１つに「香りのよさ」があります。建てたばかりの木の家に立ちこめる芳香は格別ですし、木工作家や大工さんが木を削ったり、切ったりする作業場からも、なんとも言えないよい香りが漂ってきます。

香りの素は木に含まれる揮発性の成分で、「フィトンチッド」と呼ばれます。フィトンチッドには防虫・殺菌作用があり、木が害虫や菌類から自らの身を守るのに役立っています。その一方で、人をリラックスさせる効果があることが科学的に確かめられていて、たとえば木製の浴槽で湯につかるのが気持ちいいのは、木の肌触りのよさのほかに、ほんのりとした木の香りに包まれているからでもあります。森林浴で気分が安らぐのも、木々から流れ出す香りによるものです。

フィトンチッドの種類や構成割合は樹種によって異なり、それが木の個性にもなっています。それぞれの香りを覚えておけば、木の名前を判断する有力な手掛かりになります。

■医薬品やアロマテラピー、香道まで

木の成分はさまざまな形で私たちの暮らしに利用されています。

防虫・殺菌作用を生かしたものとしては、かつてはどこの家庭でも衣類の虫よけとして使われていた樟脳《しょうのう》があります。樟脳はクスノキの幹や枝葉、根に含まれる成分で、今でも化学合成品を嫌う人には、天然の防虫剤として根強い人気があります。別名を「カンフル」といい、強心剤や打ち身、しもやけの外用薬など、医薬品の原料にもなります。樟脳以外でも木の成分は多くの生薬《しょうやく》（動植物や菌類、鉱物など天然素材を利用した薬）に利用されています。

植物の香りを利用して頭痛や不安をやわらげるアロマテラピー（アロマセラピーともいう）では、香を焚いたり、精油を風呂に入れたりしますが、それらにも木の成分が使われています。また日本には、小さな木片を熱して香りを発散させ、それを楽しむ「香道」という芸道があり、香りがとくによい木は「香木《こうぼく》」と呼ばれて珍重されます。その多くは東南アジア産で、代表的な香木には「沈香《じんこう》」や「白檀《びゃくだん》」があります。

入浴剤やせっけん、化粧品など、木の香り成分をさまざまな形で利用した製品

樹脂や樹液もさまざまな用途で利用されています。バイオリンやチェロの弓には音をよく響かせるために松脂《まつやに》を塗ります。ホットケーキに塗るメープルシロップは、サトウカエデの樹液を煮詰めてつくられます。

13 生物材料としての魅力⑥ 木材の新しい利用

■木を利用しても CO_2 は増えない？

自然の産物である木には、利用することによって生じる環境への負荷が小さいという大きな特徴があります。

よく木の欠点として「腐る」ということが指摘されます。しかし、腐るというのは微生物によって分解されるということですから、それはすなわち土に還ることを意味します。つまり木は自然の大きな循環の中に位置していて、木材として利用された後に廃棄されたとしても環境を汚すことがありません。

さらに生長に伴って空気中の二酸化炭素（CO_2）を光合成によって吸収・固定するので、最終的に廃棄されて燃やされたり、腐ったりして CO_2 が放出されたとしても、それはもともと大気中にあったものであり、全体としては CO_2 を増やしたことにはならないとの見方が成り立ちます。こうした木の性質は「カーボンニュートラル」と呼ばれ、地球温暖化が深刻化している今、大きく注目されています。

■注目高まる木質バイオマスの利用

環境負荷が小さいという木の特徴を生かした利用方法として、最近注目されているのが木質バイオマスの利用です。「バイオマス」とは生物生産物（bio）の量（mass）を表す言葉で、一般には「生物由来の再生可能な有機資源」と定義されています。そのうち木質バイオマスには、おもに製材所などから発生する樹皮や端材、木屑《きくず》などのほか、林地残材や、建築廃材、街路樹の剪定枝《せんていし》などの種類があります。木質バイオマスの燃料としての利用には、熱や蒸気を発生させるためのボイラー燃料にするほか、最近は火力発電所が石炭や重油に換えて木屑を燃料に利用するケースが増えてきました。最初から木屑の利用を想定した発電所も各地につくられています。個人の生活レベルでは、木を細かく破砕したものを長さ 1 ～ 2cm、直径 0.6 ～ 1cm 程度の円筒形に成型した固形燃料の「木質ペレット」が注目されています。家庭用のペレットストーブもさまざまな種類が開発されています。

このほか、ガソリンと混ぜて車の燃料にするエタノール（エチルアルコール）を木から製造する技術も開発されています。燃料以外ではハイテク素材の炭素繊維に木を利用したり、生分解性プラスチックを木から製造したりといった技術も

木粉を円筒形に成型した木質ペレット

開発されています。

■自然環境に配慮した利用が鉄則

このように木はさまざまな分野で利用され、環境への負荷を最小限に抑えながら利用できる資源として、今後その存在がますます注目されるようになることが予想されます。ただし、燃料のように多くの量が必要で、燃やしてしまえばそれで終わりという用途に木材を供給する場合は、過度の伐採が行われないように注意する必要があります。その意味では、林業生産現場で発生する枝葉や製材端材を利用したり、木造住宅として長期間利用した末に燃料にしたりといった副次的な位置付けでの利用が望ましいといえるでしょう。そのため、木質バイオマスの利用を進めるには、本来の木材利用が活発に行われていることが前提条件となります。

3章 森を知る

高い木がたくさん生えているところが森です。しかし一口に森と言っても、気候の違いや人の手の加わり方によって種類も働きもさまざま。そんな多彩な森の姿に迫ります。

（写真提供／奥田高文氏）

1 森の種類

■「天然林」にも人の手は入っている

森は人が植えたかどうかによって、「天然林」と「人工林」に分類されます。

天然林とは、地面に落ちた種が発芽したり、根元や切り株から自然に芽が出たり（萌芽更新《ほうがこうしん》）して育った森のことです。それに対して、人工林とは、人が種を播《ま》いたり、挿し木をしたりして育てた苗木を植えてつくる森をいいます。つまり、人が植えたのではない森が天然林、人が植えた森が人工林というわけです。

天然林というと、人の手がまったく入っていないような印象を受けますが、必ずしもそうとは限りません。たとえば、天然林の１つに位置づけられている里山の場合は、人が薪や炭を得るために木を伐った後はとくに植林は行われず、切り株からの萌芽更新でふたたび森が育ち、利用できる大きさに育ったらまた伐採するというサイクルで利用され続けてきました。種が芽を出しやすいように一部の木を伐採して地面に光を入れるというように、人が手を加えることで育つ天然林もあります。

もちろん、人の手がまったく入らずに世代交代が繰り返されてきた森もあります。そうした森は天然林の中でも「原生林」と呼ばれて区別されますが、古くから人びとがさまざまな形で森を利用してきた日本では、本当の原生林はそう多くはありません。世界遺産に登録されている青森・秋田県境の白神山地のブナ林も、かつて盛んに利用された後に再生した森だと言われています。

■人工林には針葉樹が多い

日本では多くの場合、天然林は広葉樹を中心に構成され、樹種もさまざまなものが混ざり合っています。ただし、里山のように人が利用し続けてきた森の場合は、炭に適したナラ類やカシ類が多かったり、食用に適する実を付けるクリがあったりと、暮らしに有用な樹種が優勢になっていることが多いようです。

一方、人工林は、主に木材としての利用を想定し、まっすぐに育ち、生長が早い針葉樹が植えられる場合がほとんどです。もっとも多いのはスギで、北海道の南部を含む全国各地に分布しています。次いで多いのがヒノキで、ほかにはカラマツやアカマツなども植林されています。

ブナなどが多様な景観を形づくる天然林

同じ樹齢のスギが整然と立ち並ぶ人工林

さまざまな樹齢のスギが生育する複層林

一般に人工林は苗木を一斉に植え付けるため、同じような大きさの木がひしめいているようなイメージで、こうした森を一斉林《いっせいりん》といいます。それに対して、抜き伐りした後に新しい苗木を植えたり、種が発芽したりすることによって、異なる樹齢の木が育っているケースがあり、こうした森を複層林といいます。

2 日本の森

■国土の 3 分の 2 が森、木は 1000 種類以上

日本は緑にとても恵まれた国です。森の面積は約 2400 万 ha と、国土面積の 3 分の 2 をも占めています。しかも、日本の国土は南北に広く分布していて、気候条件も亜熱帯から亜寒帯までと変化に富んでいるため、森の姿は非常に多様で、国内で生育している木は 1000 種類を超えます。

森林植生の分布を見ると、亜熱帯の南西諸島や小笠原諸島では、ガジュマルやアコウ、ビロウといった亜熱帯性の樹木が多く見られます。九州の屋久島から本州南部にかけての暖温帯では、シイ類やカシ類に代表される常緑広葉樹林（照葉樹林）が広がり、それより北の冷温帯になると、ブナやミズナラ、トチなどの落葉広葉樹林のエリアになります。本州北部の高地や北海道北部の亜寒帯では、ツガやシラビソ、エゾマツなどの常緑針葉樹林が黒々とした森を形成しています。

■拡大造林で多くの天然林が失われた

じつは日本の森は最近 40 ～ 50 年の間にその姿が大きく変わりました。古来、日本人は上述した自然の植生を生かしながら、その森から炭や薪にする木材を採取したり、木の実を食糧にしたりして暮らしを成り立たせてきました。ところが 1950 年代のエネルギー革命で薪や炭が使われなくなり、さらに 60 年代から 70 年代の高度経済成長期には建築用木材の需要が大幅に増加したことを受け、60 年代以降、天然林を伐採して人工林に植え替える「拡大造林」が盛んに進められたのです。

現在、日本の森は天然林が約 1300 万 ha、人工林が約 1000 万 ha、残りが竹林、伐採跡地、未立木地で、人工林が全体の 44%を占めています。しかし、過去のデータを見ると、1960 年時点の人工林率は 26%に過ぎませんでした。それが 20 年後の 1980 年には 40%と 14 ポイントも上昇しており、拡大造林がいかに大きなインパクトを日本の森にもたらしたのかがわかります。人工林への植え替えが進んだ結果、多くの天然林が失われてしまいました。

なお、所有形態別に森を分類すると、国有林が約 800 万 ha、民有林が約 1700 万 ha（都道府県・市町村等の公有林約 300 万 ha を含む）となっています。

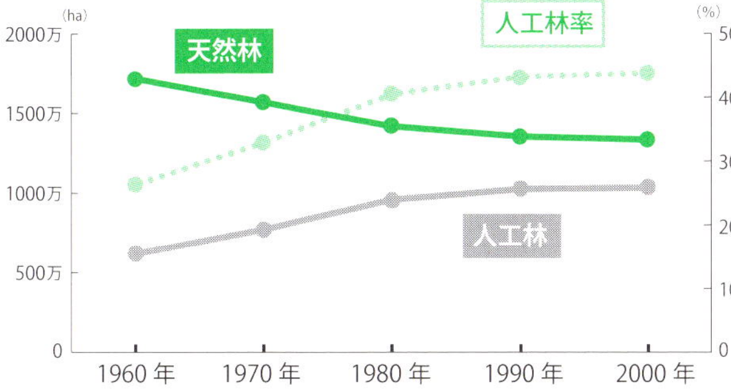

【天然林・人工林の面積の推移】
資料：農林水産省「2000年世界農林業センサス」

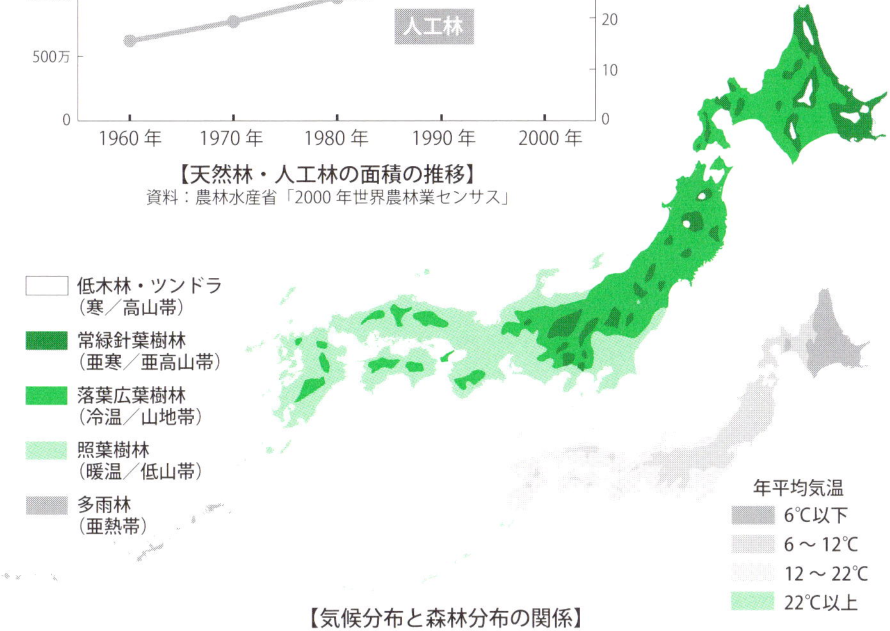

【気候分布と森林分布の関係】
出典：只木良也「日本の森林帯」『森林の百科事典』(丸善、1996年) p.17、気象庁「日本気候図1990年版」(1993年)

■林業の不振で手入れ不足の人工林が増加

拡大造林によって最もたくさん植えられたのはスギで、以下、ヒノキ、カラマツと続きます。スギは幅広い気象条件に適応できるため、北海道南部から九州までのほぼ全国で盛んに植えられました。

ところが80年代以降、林業が不振に陥ったことによって、最近は手入れ不足で荒廃した人工林が増加しています。とくに森の密度を適切にするために木を間引きする間伐の遅れは深刻で、中にはあまりにも混み合っているためにせっかく植えられた木が枯れてしまうケースもあります。

そのため、国は森林所有者の経営意欲を高めようとさまざまな林業振興施策を講じているほか、多額の間伐補助金を投じています。最近は一部の人工林をふたたび広葉樹林に戻す取り組みも行われています。

3 世界の森

■森林は陸地の3割

現在、世界の森林面積は約40億haで、陸地の約3割が森に覆われていることになります。その分布は気候条件によって決まっています。

森林がたくさんあるのは、北米のカナダを中心とする地域、南米のアマゾン、アフリカ中部、東南アジア、シベリアからヨーロッパにかけての地域と、ある程度、限定されています。アジアやアフリカ、オーストラリアは草原や砂漠が多く、とくにオーストラリアにはごく一部しか森林がありません。

各国の森林率を見ると、日本のように69%もある国は珍しく、森林率の高い国は北欧のスウェーデン（69%）やフィンランド（73%）、アマゾンの大森林を有するブラジル（62%）など、ごく一部に限られます。密林に覆われているイメージの東南アジアでも、インドネシアが52%、マレーシアが62%と日本を下回り、国土面積、森林面積とも世界最大のロシアの森林率も49%にとどまります。

各地域の主要な樹種は、東南アジアやアマゾンなどの熱帯地域が常緑広葉樹、ロシアやヨーロッパ、カナダといった寒冷地が針葉樹と、大まかに分けることができます。

■1年に1300万haの森林がなくなっている

じつはいま、世界各地で森がすさまじいスピードで減少しています。

FAO（国連食糧農業機関）の「森林資源評価2010」によると、2000年から2010年にかけての10年間で年間平均1300万haの森が全世界で消失しました。これは東北と関東、九州を合わせた面積とほぼ同じです。植林などで新たに森が増加した分を差し引いた純粋な減少面積も年間平均521万haとなり、日本の国土の14%に相当する面積の森が毎年減少していることになります。

減少が激しいのは、おもに東南アジアや南米の熱帯雨林です。国別でもっとも減少面積が大きいのはブラジルで、10年間の減少面積は2642万ha、平均で毎年264万haもの森が失われたことになります。2番目はインドネシアで、10年間に498万haが減少し、年平均で50万haの減少となっています。

本来、森は伐採後に新しい木を植え育てたり、自然に発芽した木が育つのを待

【各国の森林面積の推移と森林率】

単位＝1,000ha

	森林面積			平均年間増減面積		土地面積	森林率
	1990年	2000年	2010年	1990〜2000年	2000〜2010年	2010年	2010年（%）
日本	24,950	24,876	24,979	▲7	103	36,450	68.5
中国	157,141	177,000	206,861	1,986	29,861	942,530	21.9
インドネシア	118,545	99,409	94,432	▲1,914	▲4,977	181,157	52.1
マレーシア	22,376	21,591	20,456	▲79	▲1,135	32,855	62.3
イギリス	2,611	2,793	2,881	18	88	24,250	11.9
ドイツ	10,741	11,076	11,076	34	0	34,877	31.8
フィンランド	21,889	22,459	22,157	57	▲302	30,409	72.9
スウェーデン	27,281	27,389	28,203	11	814	41,033	68.7
ロシア	808,950	809,269	809,090	32	▲179	1,638,139	49.4
アメリカ	296,335	300,195	304,022	386	3,827	916,193	33.2
カナダ	310,134	310,134	310,134	0	0	909,351	34.1
ブラジル	574,839	545,943	519,522	▲2,890	▲26,421	832,512	62.4
世界計	4,168,399	4,085,168	4,033,060	▲8,323	▲52,108	13,010,509	30.9

※土地面積には湖沼などの内水面を含まない

資料：FAO「森林資源評価2010」

つことによって再生可能です。それにもかかわらず森がなくなっているのは、森の再生力を無視した過度の伐採や、農地、工業用地など他用途への転換が原因です。また、統計上は森となっていても、実際には本来の植生が失われているケースもあります。

こうした中には、バイオマス燃料を生産するためのトウモロコシ畑、エコ洗剤の原料になるパームオイルを採取するためのヤシ畑への転換といったケースも含まれます。いずれも環境負荷の低い商品をつくるのが目的ですが、もともとそこにあった森が失われることに変わりはありません。

最近、健全な形で管理されている森を認証しようという動き（森林認証制度）が広まっています。そこで生産された木材を使えば、森に与えるダメージを減らすことができます。

4　森の移り変わり

■森の「クライマックス」とは？

木々が静かに立っているだけのように見える森も、じつは樹木同士の激しい生存競争が繰り広げられています。そのような競争を長い年月にわたって続けた後、森はその土地に最も適した樹種が最終的な勝者として群落をつくります。その後は樹種の構成に大きな変化は起きません。そのような状態を「極相」（クライマックス）といい、極相になった森を「極相林」といいます。

森が極相になるまでの移り変わりを「遷移」といい、一定のパターンがあります。まず、天災で草木がなくなった裸山の状態をスタートとすると、最初に草が生えるのに続き、「パイオニア」（先駆樹種）と呼ばれる比較的生長の早い樹種が育ち始めます。本州の冷温帯なら、シラカバやハンノキの仲間がそれにあたります。それらの木々は太陽の光が十分ないと育たないという特徴があり、「陽樹」と呼ばれます。

そのうちに今度はミズナラなどの大木に育つ木々も入り込んできて、大量の落ち葉が土壌を肥やしていきます。さらに遷移が進み、木々で山が覆われて地表にあまり光が届かないようになると、今度は太陽光があまりなくても育つ「陰樹」と呼ばれる樹種が次第に勢力を伸ばし始めます。その代表的な樹種がブナで、最

【森の移り変わり（遷移）のパターン】

終的には彼らが勝者となって極相林を形づくっていくことになります。なお原生林とは、極相に達した後も長期間、伐採などの人の手による関与を受けていない森のことをいいます。

■人工林の理想形

極相林は天然林が最終的に到達する森の形といえますが、人工林においても林業家たちは自分たちが理想とする最終形をめざして森を育てていきます。その到達点として代表的なものが「法正林」と「恒続林」です。

法正林とは、植林したばかりの林地から伐採に適した林地まで、さまざまな樹齢の森が一定のまとまりで同時に存在している状態の森をいいます。たとえば樹齢100年を伐採時期に設定している場合、100haの林地を所有していて、樹齢1年から100年までの林が1haずつ存在していたとしたら、樹齢100年に達した森を毎年伐採して、跡地に木を植えるというサイクルを繰り返していけば、永遠に生産を続けられる理屈になります。

一方、恒続林とは、年間の生長量に相当する木を毎年抜き伐り（「択伐《たくばつ》」。4章⑪参照）しながら、同じだけの生長量を維持し続けることができる森のことをいいます。生長量に見合った量を伐採するだけでなく、残された木々の生長が確保されるような配慮が必要になりますが、それがうまくいけば、森の姿を変えずに林業生産を継続することができます。林業の理想的な形の１つといえるでしょう。

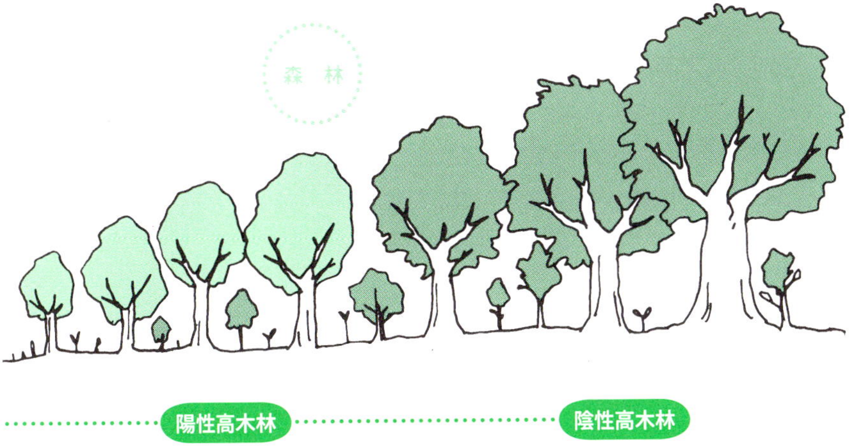

5 森をつくる

■人工林をつくる

人工林と天然林のそれぞれで森のつくり方は異なります。

人工林の場合、あらかじめ苗畑《なえはた》で育てておいた苗木を植えて、新しい森をつくります。苗木を育てるには、まず種を集めなければなりません。親の木の性質が子にも受け継がれる傾向があるので、種は病気に強い、まっすぐで良質な木に育つ——といった性質の木から集められます。そのように種を採取する木を母樹《ぼじゅ》といい、森の中で生育している木の中からとくに性質のよいものが選ばれています。あるいは、そうした性質のよい木ばかりが植えられている採種園《さいしゅえん》もあります。

母樹の枝先を切って苗畑に挿《さ》す「挿し木」によって苗木を育てる場合もあります。人工林に選ばれる樹種の中でも、とくにスギは根が出やすいので挿し木が多く行われています。挿し木はいわば「クローン」ですから、母樹の性質をそのまま受け継いでいます。そのため同じ母樹から採取した挿し木でつくられた人工林は、同じような姿形の木々が整然と立ち並ぶ森になります。

「樹齢」とは、その木が生まれてから現在までの年数を数えたものですが、林業の世界では、苗木が森に植えられた年を「1 年生」とする「林齢《りんれい》」が木の年齢と見なされます。苗木が森に植えられるのは発芽から 3 年目くらいなので、たとえば林齢が 50 年生の木なら樹齢は 53 年くらいという目安が付きます。

戦後の拡大造林（本章②参照）の結果、日本の人工林は 30 ～ 50 年生に育ったスギやヒノキが突出して多い、資源的に偏った状態になっています。国産材の需要が低迷する中で、新たな植栽は非常に少なくなっていて、このままでは人工林の「少子高齢化」が進行する恐れがあります。前項で紹介した「法正林」や「恒続林」とは程遠い現状をどう改善するかが、日本林業の課題の 1 つとなっています。

■天然林を育てる

天然林には、人がまったく手をかけずに自然のままの推移に任せるというイメージがありますが、現実には人が何かしら手をかけているケースが少なくありません。とくに人里近い里山では、人びとは森の再生力をうまく利用しながら、木々の利用と森づくりとを繰り返してきました。

【切り株から新しい芽が出てくる萌芽更新】

その代表的な手法は、伐り倒した木の切り株から新しい芽が出てくる（萌芽《ほうが》）性質を利用して森を育てる「萌芽更新」と呼ばれるやり方です。伐採時期は、木が生長を休止している秋から冬がよく、翌年の春になると切り株から、いくつもの新しい芽がぐいぐいと伸びてきて木のもつ生命力に驚かされます。

この性質はほとんどの広葉樹に見られ、樹齢でいえば 20 ～ 30 年程度の若木ほど旺盛に萌芽します。そこで人びとはコナラやクヌギなどの広葉樹林をいくつかの区画に分け、毎年場所を変えながら木々を伐採して薪や炭に利用し、萌芽更新した木が 20 年くらい経って利用できる太さにまで育ったらふたたび伐採するというサイクルを繰り返し、暮らしを成り立たせてきました。

しかし、燃料革命以降は薪や炭の需要が激減したために、現在、多くの里山が利用されずに放置され、萌芽更新が期待できないような大きな木ばかりになってしまっていたり、ササや竹が侵入して藪《やぶ》になってしまい、人が入ることもままならなくなっていたりと環境が激変しています。人が利用しなくなったことによって荒廃が進んでいる里山を今後どう管理していくのかは、森との共生を考える上での大きな課題となっています。

6 さまざまな森の働き

■森は水を貯えてくれる

森には私たちの暮らしとかかわりの深いさまざまな働きがあります。

第一に挙げられるのが水を貯える働きです。森の地面にはたくさんの落ち葉や枯れ枝が堆積し、土の中（土壌）にはそれらを餌にするダンゴムシや、その糞を食べるミミズなど、多くの小さな生き物が暮らしています。彼らが移動した痕や堆積した排泄物によって、森の土壌は無数の空隙があるスポンジのような状態になっています。

そのため、森に降った雨はすぐに流れ出すことはなく、土壌にしみ込んで地下水として貯えられます。そして、長い時間をかけて少しずつ移動し、湧水になったり、川に流れ出したりして地表に出てきます。日本が豊富な水にめぐまれているのは、このような森の働きによるものです。また、何日も雨が降らなくても川の水が枯れないのは、森がたくさんの水を貯えて、少しずつ流し出してくれているからなのです。

■森は災害を防いでくれる

災害防止機能も森の大切な働きの１つです。日本は山岳地帯が多く地形が急なので、私たちは土砂崩れや土石流、鉄砲水といった災害が発生する危険と隣り合わせで暮らしています。しかし、山が森に覆われていれば、木々や草の根が地面をしっかりと保持してくれますし、森には前述したように水を貯える働きがあるので、大雨が降っても洪水が起きにくいのです。

このほかにも森には、①光合成によって空気中の二酸化炭素を吸収・固定する機能、②土壌にいる微生物から昆虫、哺乳類、鳥類、そして植物など、さまざまな生き物に生息環境を提供し、多様な生態系を維持する機能、③木材を生産する機能、④森林浴の場を提供したり、自然のさまざまな営みを学習する場を与えてくれる機能——と、さまざまな働きがあります。

■特定の役割を果たす森

こうした森の役割や機能は１つの森に複合的に備わっていると考えることがで

家の周りに植えられた「屋敷林」。防風、燃料（落ち葉や枝）、建築資材の調達などが目的。
写真は富山県砺波平野の「カイニョ」と呼ばれる屋敷林 （写真提供／天野一男氏）

きますが、中には強風地帯で風を防いだり、砂が飛来するのを防いだりと、最初から特定の役割を期待して木が植えられているケースもあります。

防風林、防砂林のほか、水面に木陰をつくり水中に落ち葉のミネラルを供給して魚に生息環境を提供する魚つき林、列車を強風や土砂崩れなどから守る鉄道林、津波の被害を軽減するための防波林など、さまざまな種類があります。さらに、たとえば防風林なら、海岸部では砂地にも生育し塩害にも強いアカマツやクロマツ、陸地の家屋周辺では高く生長し枝張りがよいスギ、寒冷地なら寒さに強く冬季に葉を落とすので雪が積もりにくいカラマツ——というように、用途や自然条件に適した樹種が選ばれます。

7 森と里、川、海とのつながり

■森との関係が悪化

森の土壌に貯えられた水は、鉄分をはじめとするさまざまなミネラルを溶かし込みながら、長い時間をかけて地表に出てきます。森の養分がたっぷり溶け込んだ水は、田んぼを潤し私たちにおいしい飲み水をもたらしながら下流へと流れていきます。そして最終的には海に流れ込んで魚介類にもその養分を提供し、魚影が濃くカキやコンブがよく育つ豊かな海をもたらします。また、かつては落ち葉を堆肥にしたり、松葉を焚き付けに利用したりと、人びとの暮らしに森はなくてはならない存在でした。

ところが、最近は林業の不振で森が荒廃し、流出した土壌が川を汚したり、落ち葉の堆肥の代わりに化学肥料が使われたりと、森と川や海との関係が必ずしも健全ではなくなり、森と暮らしとのつながりも希薄になっているのが実情です。

■森が海を豊かにしている

「海が豊かになるには、上流の森が豊かでなければならない」。1980 年代の終わりから 90 年代にかけて、そのことに気づいた沿岸部の漁師たちが、山で木を植えたり、森の手入れをしたりといった活動を各地で展開するようになりました。その多くは、毎年たくさんの葉が落ち、腐葉土がつくられやすい落葉広葉樹の森を整備することをめざして行われています。

このように漁師が森づくりに立ち上がったのは、コンブ漁やカキ漁といった沿岸漁業の不漁がきっかけでした。どうすれば海藻や植物プランクトンが豊富でたくさんの魚介類が棲む海を取り戻すことができるのか。漁師たちは昔から多くの川が流れ込んでいる海が豊かな漁場になっていることに目を付けました。

調べてみると、落ち葉が積もってできた腐葉土には「フルボ酸」という物質が含まれ、それが鉄分と結び付いた「フルボ酸鉄」が植物の生長に大きな役割を果たすらしいということがわかってきました。森から流れ出た川によってフルボ酸鉄が海に運ばれ、海藻を育くみ、植物プランクトンを豊富にしているという説です。

森から川へ、そして海へ、さらには人の暮らしへ。そのつながりが健全であり続けるためにも将来にわたって豊かな森が維持されるようにしたいものです。

4章

森に生き、森を育てる

日本には自然の森を利用するだけでなく、古くから木を育て森をつくってきた歴史があります。この章では滋賀県高島市に代々暮らすある農林家の営みからその片鱗を見ていきます。

（写真提供／奥田高文氏）

1 朽木《くつき》の栗本家

栗本慶一《けいいち》さん(1949年生まれ)は、滋賀県高島市朽木(旧朽木村)桑原に暮らす農林家です。正確にたどれる先祖は5代前からで、江戸時代の晩年に生きた重右衛門《じゅうえもん》さんです。

現在栗本さんが住んでいる家は約150年前に建てられたものですが、前の家を解体するとき、柱には「享保《きょうほ》元年」と書かれていたそうです。享保時代は8代将軍吉宗が治めた時代で、1716年に始まります。少なくとも、およそ300年近い年月を栗本家は現在の朽木桑原という地に代々暮らし続けてきている、というわけです。

■天平時代からの林業地

そもそも朽木は、大変古い地名です。朽木村史編さん室の広報紙「なぜ？　なに？おしえて!!　くつきの歴史」には、「史料上に朽木の名前が登場するのは、西暦851年（平安時代）の『太政官牒写』という文書が最初で、ここには『朽木の杣《そま》』という名前で登場しています。杣というのは、地名辞典によると『木材を得ることができる山、あるいはそのために植林した山』とあり、古来、朽木が木材の産地として有名であったことがうかがえます」とあります。ちなみに「杣」という言葉は木を伐る人、きこりのことをさす場合もあります。

同広報紙によれば、西暦700年前後の天平時代に奈良の東大寺建立《こんりゅう》のため木材を搬出したという伝承があり、奈良時代・平安時代に仏教寺院建築用の木材を伐り出していた地域であったといいます。

車がなかった時代、重くてかさばる木材を運ぶには「水」が鍵を握っていました。朽木には滋賀県で野洲《やす》川に次いで長い安曇川《あどがわ》が流れ、下流の高島市安曇川町で日本最大の湖、琵琶湖に注ぎます。安曇川には針畑川《はりはたがわ》、北川という2つの支流があり、朽木で合流します。朽木で採ら

栗本慶一さん
（写真提供／赤堀楠雄氏）

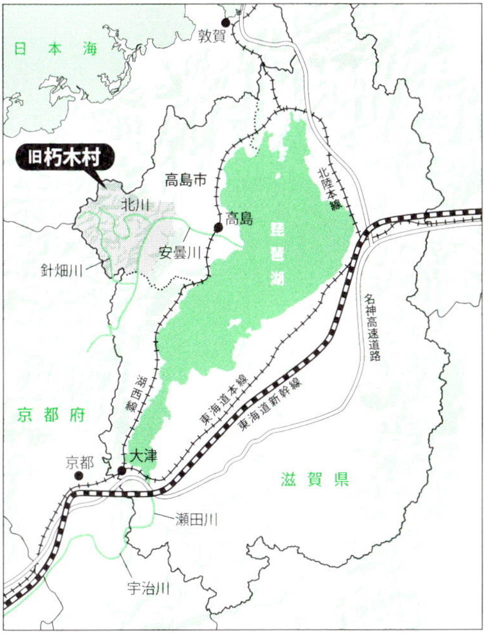

【滋賀県高島市朽木の地図】

れた木材はいかだに組まれ、まず源流の針畑川、北川を運ばれた後、安曇川に入り琵琶湖まで届けられ、次は湖上輸送を経て、現在の奈良、京都、大阪にあったそれぞれの時代の都に運ばれたのです。

■天然の針葉樹に恵まれて

朽木は平成の大合併によって高島市と合併し、琵琶湖の北西部に広がる滋賀県最大の市の一部となりました。高島市の奥座敷といったところでしょうか。尾根を越すとそこはもう京都府、という県境にあります。日本海側に近いため、気候は日本海側気候で冬は積雪も多く、関西圏にあって寒さが厳しい地域です。

しかし、この雪も含めた年降水量が約 2000mm と多いことが、古くから朽木を木材生産地たらしめてきた一因でもありました（ちなみに日本の年平均降水量は約1700mm です）。降水量の多い朽木の山は、建築材として重んじられる天然のスギ、ヒノキ、アテ（ヒバ）がよく育つのです。

朽木の人びとは昔からこれら天然の針葉樹を建築材に、広葉樹を薪・炭などの生活必需品に、それぞれ使い分けてきました。

2 代々の農林家

現在、慶一さんが所有する森林は約300haあります。スギやヒノキの人工林が約150ha、天然林が同じく約150haという内訳です。朽木でこれだけの面積の森林をもつ林家はあまりいません。ただし、昔から規模が大きかったわけではないのです。

そもそも、記録をさかのぼれる5代前には、集落の家々は「割《わ》り山《やま》」といって山を分割所有していました。「山を所有」と聞くと、現代の感覚では「財産」と連想しがちですが、当時はもっと生活に密着した必需品供給の場として山分けを行いました。山は農業用・生活用に欠かせないものの宝庫だったからです。

それは、日々の燃料、田畑の肥料、牛馬の飼料や敷物、さらには家の新築・改築の建築材など、さまざまです。今ならばそれぞれの店で買ったり、業者に委託したりするのですが、昔はすべて自分たちで用意しなければなりませんでした。そのために、ある時期一定の面積で山が分割されたといわれています。

■頼まれたらイヤとは言わない家風

当初は集落の人たちが均等に所有した山が現在栗本家に多くなっているのは、2代目の政吉《まさきち》さん（1852年生まれ）のときからの変化でした。当時、集落の男性たちは仕事の合間や休みの日には、娯楽で花札のような賭けごとをする場に出かけていました。政吉さんはつきあいがよく一緒に出かけていくものの、賭けごとには加わらず、趣味の三味線を弾いて遊んでいたと伝えられています。

そして、賭けに負けた人は金の工面に困ると政吉さんに「うちの山買ってくれんか」と相談してくるのでした。頼まれたらイヤとは言わないのが栗本家の家風。こうして、少しずつ栗本家の山が増えていきました。

■「植林を目的にするな」という戒め

増えた山をせっせと育てたのが3代目の力平《りきへい》さん（1885年生まれ）。慶一さんのお祖父さんでした。田畑、子牛の肥育《ひいく》、炭焼きをおもな生業としていた力平さんが、炭焼きをしている合間に少しずつ木を植え続けてくれていたのでした。

炭焼きは時間がかかります。一昼夜、窯から出てくる煙の色と臭いの変化を見

現在の朽木桑原の山村風景（写真提供／奥田高文氏）

て中の様子を判断しなければなりません。しかし、ずっと窯に張りついていなければならない、というものでもありません。力平さんは窯の番の合間に、炭材を伐り出した後の山を整理して、切り株の間にスギの苗を植林していったのです。

また、いろんな「記念」に植林をしてきました。結婚、子どもの誕生などの節目に、あちらに１反（10 a）、こちらに２反と、小さい面積で植林していったのです。しかし、「植林を目的にしてしまうと続かへん。いろんな仕事の中の１つとして考えていかんと」と言い続けていたそうです。植林をしたら、その後の手入れに手間と経費がかかることを忘れないように、という戒めでした。

3 山の原体験

祖父、力平さんは、植えてから 20 ～ 25 年ぐらいの、炭を焼くのに適した太さの若い木の山に窯をつくっては、周りの木々を伐って焼く、というやり方をしていました。そのため、窯はあちこちの持ち山にありました。これは力平さんに限ったことではなく、車のない時代にはごく一般的なやり方だったようです。

慶一さんは、幼いころ裏山の窯に連れて行ってもらった経験が幸せな山の原体験となりました。それはあたかも竜宮城《りゅうぐうじょう》に行った人もかくや、という「心地よさ」のようなのです。

作業場なので雑然としていて決してきれいだったわけではないのに、そこは「なんとも言えない心地よい、わくわくする」場所と時間でした。ふわふわと浮かんでいるような、表現しようのない幸福感、魅力に包まれていたのだそうです。その不思議な心地よさがどこからどうしてわくものなのか、今でも慶一さんはわからないと言います。

■「たくり苗」と「つる苗」

窯の前で祖父と一緒におにぎりを食べたり、遊んでもらったりしながら、祖父が山で働く姿を慶一さんは見ていました。炭用に伐った木の切り株の間に、実生《みしょう》（母

枝から新たに根を出した
伏条枝
（写真提供／今城克啓氏）

樹から種が落ちて芽が出た苗）のスギを抜いてきては植えていました。

本章①でも出てきたように、朽木の天然林は、広葉樹とともに自然にスギ、ヒノキ、アテなどがよく育つ山でした。とくに雨と雪の多さゆえにスギが多く、昔から実生を引き抜いて苗として植えるやり方がされていました。この苗は「たくり苗」と呼ばれます。

また、雪国に育つスギの品種に特徴的な伏条枝《ふくじょうし》も利用してきました。雪の重みでスギの枝が地面に押しつけられると、その枝から新たな根が生えるのです。その根は土中に張り、枝は垂直に戻ろうとします。朽木の方言ではひも状のものを「つる」と呼ぶことから「つる苗」と呼ばれます。根の出ているところから枝を切り、それを苗として使います。

■自然の力を生かした混交林《こんこうりん》

わざわざ苗を育てずとも、自然に育つこれらの苗を利用する――。この地域では昔からそうやってスギ、ヒノキを育てていました。炭に焼くために伐採する広葉樹はナラ、シデ、カシで、カツラやケヤキ、トチ、クリなどは残しました。カツラは村の神社の鳥居用に大きく育て、トチやクリは実や蜂蜜などに利用するなど、用途によって山の木を使い分けていました。

炭用に伐った切り株からは翌春たくさん萌芽《ほうが》（3章⑤参照）してくるので、数年後に2～3本に整理して再び炭用に育てます。

スギやヒノキは100年以上の時間をかけて育て、萌芽した広葉樹は20年ぐらいのサイクルで繰り返し炭に焼き、残した広葉樹は伐らずに大きく育てる（伐ることもある）――。針葉樹と広葉樹が混在し（「混交林」という）、若い木と成熟した木が共存する朽木の山の姿は、人びとが暮らしに利用しながらつくってきました。

4 子どもも「働く人」

慶一さんが子どものころは、どの家庭でもそれぞれに子どもが「手伝い仕事」をするのが当たり前でした。幼くとも、その年齢に合った仕事が任されました。広範囲にわたって仕事がある農林家では、やるべき仕事がまさに山ほどありましたから、子どもも「働く人」の一員でした。

もちろん、仕事の質も量も大人とは違います。唐突に大人と同じことを要求されるわけではありません。少しずつ、できることを増やしていきます。

■ホトラ山《やま》の記憶

慶一さんがよく覚えている仕事の１つは、牛小屋の敷物の世話でした。小屋は牛たちの糞尿でベトベトになります。牛にとってもそれは気持ちのいい環境ではありません。そこに「ホトラ山」から若木を刈り取ってきて敷いてやるのが慶一さんの仕事でした。

ホトラ山とはこの地方の表現で、広葉樹を伐採した後に生えてくる芽を繰り返し刈り取って使う山のことです。切り株からは、伐った翌年１株に十数本も芽が出ますが、これをカマで刈り取るのです（「もやかき」という）。このとき、芽のはえぎわからきれいに刈り取らないと翌年の萌芽がよくないので、ていねいに刈るように心がけたそうです。そうやって毎年繰り返し新芽を刈り取り続けるので、ホトラ山は大きい木が育つ山ではありません。

刈った芽は数日その場に放置しておきます。１年目の細い若木なので、すぐに乾きます。乾いたらこれらの若木を背中にしょって帰り、それを牛小屋に敷くのです。

前に敷いた若木は牛が踏み、寝そべり、新たに糞尿が混ざり、といった具合に「こなれて」しまっているので、その上に新しい若木を積む、ということを繰り返します。ある程度の量になるとまとめて全部取り出し、外の決まった場所に積んでおきます。時間がたつと熟成して、翌春田んぼに鋤《す》きこむと大変よい肥料となりました。牛の世話と堆肥づくりができるので一石二鳥です。

【もやかき】
持続した再生のためには、芽のはえぎわからていねいに刈り取る

■牛にまんじゅう

大人の牛は田の作業に使っていました。慶一さんも小学６年になると「見習い」で牛を使うようになりましたが、当時をふり返って「まったくゆうことききかへんのです（笑）」と言うように、困り果てた思い出があります。牛は気分屋で、一度ちゃんと仕込めば決められた仕事をするようになる馬とは違う、という話がありますが、慶一さんも手こずったそうです。

「うちで働いてたもんが、ある日まんじゅう持ってきたんです。くれるんかなあと思って待ってたら、わたしやのうて牛に食べさせました。そうやって牛のご機嫌とってやってました（笑）」

こうした子どものときのたくさんの手伝い仕事は、大人になって役に立つことばかりでした。その後、時代は大きく変わりはしましたが、山で身につけた体の使い方や、山の空気の中で感じ取ってきたものは、いつの時代にも通用する確かなものだったのです。

5 栗本林業の出発

２代目政吉さんの時代に山の所有が増え、３代目力平さんの時代には所有が増えるのとあわせて植林と手入れが進み、質量ともに林業の基盤ができていきました。そして４代目、慶一さんの父、重太郎《じゅうたろう》さん（1920 年生まれ）が 1958 年に " 栗本林業 " の看板を上げました。

南方の激戦地から数少ない復員兵として無傷で戻ってきた強運の重太郎さんは、先代たちが植えて増やし、農林家として引き継いできた山の扱いを大きく発展させます。そこには時代の要請ともいえる社会背景がありました。

■戦争の爪痕《つめあと》

第二次大戦中、日本は海外からの物資がとだえました。江戸時代の鎖国とは違いますが、さまざまな面で自給が必要でした。戦時体制のもと、第一優先は戦争のための利用でした。日本全国の山村で木材が供出させられました。朽木では奥山のブナが戦闘機のプロペラ用に伐り出されたといいます。

この戦争での過剰伐採は、明治から大正にかけてようやく一息ついていた日本の森に再び大きく負荷をかけるものでした（p.108 のコラム参照）。また戦後になると、今度は復興のための木材が求められ、引き続き伐採が進んだのです。

しかし、急峻な山の多い日本では、過度の森林伐採の後には災害が頻発することが歴史上繰り返されてきました。戦後も台風被害による土砂崩れ、洪水など大きな災害が多発したため、伐採跡への植林が急速に推進されました。

■広葉樹へのニーズの変化

そして、戦後にはもう１つ、森を大きく変化させることになった技術が登場します。日本では明治時代に始まった洋紙（現在私たちが普通に紙として使うもの）製造技術は、チップに破砕しやすい針葉樹が利用されてきました。それが戦後の技術革新で、堅くて油脂分が多く、それまでの技術では利用できなかった広葉樹が利用可能になったのです。

日本の気候風土では、自然状態であれば広葉樹が優勢になる場所がほとんどです。広葉樹は伐採しても萌芽によって繰り返し木が生長してくれるので、とくに

大面積で伐採した跡地の一斉造林（写真提供／栗本慶一氏）

生活利用において便利なものでした。慶一さんが子ども時代に手伝いをしていたホトラ山はその一例ですし、里山の樹種の主流は広葉樹です。

その昔、椀や盆などの木工品をつくる職人である木地師《きじし》たちは、奥山の広葉樹も利用する代表的存在でした。車のなかった時代には集落から遠い奥山の広葉樹をわざわざ伐って利用することはまずありませんでした。そのため、戦前までは奥山は狩人や木地師など、特定の職能集団以外はめったに足を踏み入れない山でした。

そういうわけで奥山には長い年月を生きる巨木・大木がありました。戦後、車と道路が発達し、あわせて広葉樹が洋紙原料のパルプ材として利用できるようになったことで、奥山は初めて大伐採されるようになったのです。

専業林家としての“栗本林業”は、日本で「伐採と植林」がかつてない規模で同時に行われた時代の中で生まれました。

経済的な木材生産を目的とする林業が本格的に始まったのは江戸時代初期（17 世紀）からといわれます。政治の安定により、築城や宿場整備の「建築ブーム」が起きたこと、江戸、大阪をはじめとする都市が発達し、木材の大消費地が誕生したこと、海運などの物流網の整備、手工業の発達などが産地と消費地を結ぶ本格的な商品経済を生み出したことなどが背景にありました。過剰伐採が進んで災害が起きるとともに、木材資源の枯渇が問題となりました。そのため、伐採禁止だけでなく積極的に木材を育てる策を始める藩が各地に出てきたのです。

明治時代に入るまで、国内で利用する木材は自給でした。有史以来、多方面で利用される森はどうしても過剰伐採となりがちでした。とくに明治初期は国の体制が大きく変わった混乱で、森の利用のコントロールが利かない時期があり、そのために乱伐されたといわれます。

しかし明治中期以降には、台湾や樺太など日本が植民地とした地域からの木材が手に入りました。これにより、本国の森に少しの間休息がもたらされたのですが、昭和に入って第二次大戦が始まると、再び激しい木材需要と伐採が始まります。戦後も復興とそれに続く高度経済成長とで、木材需要はうなぎ昇りに上がりました。

当時は国内の木材が枯渇し需要に対応できなかったため、今度は貿易によって海外からの木材を使うようになります。輸入材は安く、大木で量がまとまって入るため利用が進みました。1960 年に 94.5%だった木材の自給率はどんどん下がり始め、2003 年には過去最低の 18.5%にまで減少したのです。ここ数年は上昇傾向にあり、2013 年は 28.6%です。

輸入材が大量に利用されるようになり、日本の林業は大打撃を受けてきました。しかし一面では、森に再び休息する時間が生まれたともいえます。

6 怒涛《どとう》の伐採時代

奥山の伐採は慶一さんがもの心ついたときにはすでに始まっていたものの、まだ「そのまま」の森に足を踏み入れることができました。それら巨木が立つ森は、力平おじいさんとの「炭焼き小屋の思い出」とともに、慶一さんには忘れられない記憶となりました。

奥山には、トチ、ブナ、ミズナラなどの巨木がありました。あちらにドン、こちらにドン、とそれらの巨木が林立し、加えて木の高さもまちまち、年齢構成もさまざま、もちろん樹種もいろいろ、という多様な森は、言葉にあらわしようのない気配に満ちていたそうです。

天然の、それら巨木が立ち並ぶ奥山の雰囲気は、それ以後慶一さんが見てきた各地の森や、自分が育て続けている森では味わえない独特のものがあったと言います。ちなみに、慶一さんが手がける森は代々の木々を引き継いでいるため、日本全国でも少数しか見られない 100 年以上の木が多くあります。

それでも、まだ醸《かも》し出されることがない雰囲気――。それはどんな森だったのでしょう。もはや目にすることはかないません。

■巨木のトラック

それらの巨木を、子どもの慶一さんは家の前で毎日見送りました。奥山から伐り出された木が連日トラックで運ばれ、家の前を通っていきました。トラック 1 台には、たいてい 3 本ぐらいしか載っていませんでした。下に 2 本、上に 1 本。それで満載となってしまうぐらい、大きかったのです。すべて製紙用パルプにされるものでした。

買い手は県内外の製紙会社でしたが、とりまとめには地元の人が雇われて働いていました。どの家にどういう山があるか、長年のつきあいの中で地域の人はだいたいのことを知りあっています。それをとりまとめるには、地元の人を雇用するのがよかったのです。

■そして何もなくなった

慶一さんは中学から親元を離れました。地元にも中学の分校がありましたが、

慶一さんの父、重太郎さん。大木にはいつもデータを書き込む習慣。
右腕の後ろにあるのはムカデはしご（写真提供／栗本慶一氏）

町の本校に通うことも選べたので、大勢が通う本校の方が友人が増えると思ったのです。それから農林高校を卒業するまでの6年間、慶一さんはときどき実家に帰るという形でしか故郷の山に入ることはなくなりました。

高校を卒業して、栗本林業を継ぐために実家に戻った1968年、奥山の広葉樹はほぼ伐採が終わっていました。あれだけあった巨木・大木が、みごとに伐られていました。その山の変貌ぶりは、慶一さんにとって大変なショックだったと言います。

大方の広葉樹が伐り出された後、その関係の仕事でにぎわっていた集落は、慶一さんが実家に戻ったときにはすでに人気《ひとけ》が減っていました。その仕事のためによそから来ていた人たちは去っていたのです。

7 山をかけめぐる

炭に焼く手間をかけなくともお金になるようになった広葉樹の山は、当時たやすく買い手を見つけることができました。山主《やまぬし》も売れるとわかると欲が出ます。それで高値を要求したために結局買い手がつかなかったときなど、山主は栗本林業に「買ってくれんか」とよく頼みにきました。

２代目、政吉さんのころから伝わる「頼まれたらイヤと言わない」姿勢は、父、重太郎さんでは輪をかけていました。「よっしゃよっしゃ」と二つ返事で、どう見ても損が出る、とわかっていても買ったそうです。買うことが決まると、必ずその山主の家に出向き、「ちょっと参らせてもらうよ」と、その家の仏壇にお参りしました。「山、伐らせてもらいます」と。「ご先祖さんたちが守《も》りをしてくれていたおかげ」という先祖たちに対する敬意でした。

■ご先祖の加護《かご》

一見損な取り引きに思える、そういう高値の山の仕事を嫌がらずに引き受けると、なぜか思いもかけない事態で結果的に儲かる、損をしない、ということが重太郎さんにはよく起きました。

たとえば、頼まれて買った条件のよくない山で仕事をしているときのことです。台風が来て隣接する山のよい木が被害にあい、そちらの整理も頼まれて、結果的にその材がよい値で売れて、不利な現場の仕事でも十分採算が取れた、というような具合です。

重太郎さんは自身の強運を確信していた人で、それを神仏のご加護だと思っていました。一見損に思えるような依頼でも、何かの縁と受け止めて快く仕事をすると、結果的にうまくいくことが繰り返されるのをご先祖たちのおかげ、と考えていたのです。

■「よっしゃ」の父

この父の「断らない」やり方は、若き慶一さんを鍛えました。慶一さんが実家に戻ったころ、世の中は高度経済成長のただ中でした。住宅建築も一部では質が求められるようになっていました。凝った和室や茶室など、特殊な材のニーズが

こんなに長い材を、三重県の市場まで連日運んだ（写真提供／栗本慶一氏）

増えていきます。

日本家屋で使われる丸ゲタと呼ばれる部材があります。通し柱が１階と２階を通す縦の線ならば、家の横の線を通すケタ材に、関西では丸太を使うことがよくありました。その家の大きさによって違いますが、20～23mというような長さで１本通そうとすると、まっすぐで上と下の太さが大きく違わない材が求められました。山に生えている段階で20mも上の太さを正確に見極めることは至難です。見定めて伐って、もしそぐわなければ再探索です。

毎日20本ぐらいの注文が入るのですが、山をかけめぐって適した木を見つけるのは慶一さんの仕事でした。

「おやじは電話で『よっしゃ』と軽く言うだけやけど、そのころは毎日胃が痛うなりました。注文の本数全部見つかるやろかと」

そう言って笑う慶一さんは、「でも」と続けました。「おかげで山をくまなく見てまわり、これら丸ゲタ以外でも変わった木が材として扱われる『視点』を学べた」と。その恩恵が後年やってきます。

8 重太郎スギの誕生

杤木は日本海側気候のため、年によって雪の多い少ないに違いはあるものの、湿った重い雪が木にのしかかります。このように積雪の多い地域で育つ木々は、根元が雪の重みで湾曲して根曲《ねま》がりを起こします。そういう地域で木を育てる場合、「木おこし」(本章⑩参照)という作業をして根曲がりをなるべく軽減するための努力がされています。しかし、1本1本木を起こして固定する作業は大変な労力が必要です。

重太郎さんは根曲がりをしにくく、木おこしをあまりしなくて済む、雪に強い苗を育てる研究を晩年し続けました。

前述したように、杤木では天然のスギが豊富に育ちます（本章①、③参照)。山に入るときにはナタ、ノコギリという必需品に加えて、つねにものさしとマジックを持ち歩き、木の太さ、育ちのよさを見て、これはと思う木を計測して直接木に情報を書いていました（本章⑥写真参照)。そういう良質な木から種を採取して育てるのです。

■木に登り元気な種をとる

種とりは、樹高 12 ～ 15m ぐらいのところで枝ぶりがよくてイキイキとし、日が当たっている枝から採取しました。竹でつくったムカデはしご（本章⑥写真参照）を使って登り、枝につく球果をとります。それを 1 週間ほど天日干しすると球果が開いて種がはじけ出ます。これを家の前の田んぼだった場所にまいて育てるのです。

種とりは栗本林業の従業員（7人）や慶一さんの仕事でしたが、平地で苗を育てるのは地元の女性たちのいい仕事になりました。ちなみに、植林や若い段階の木おこしなど比較的重労働ではないものは女性ができる稼ぎ仕事でした。

■雪が降れば山で「追跡調査」

3 年ほど苗畑で育てた後、山に植林すると重太郎さんの調査が始まります。雪が降った日の翌朝はふだんより早起きして「敷物とはかり」を持って山に出かけます。母樹の異なる苗木はそれぞれ雪に対してどうなっているかを調べるためで

スギ苗の育成は地元のお母さんたちのいい仕事になった（写真提供／栗本慶一氏）

す。

苗木のまわりに敷物を敷いて、苗木に載っている雪の量をはかります。ポイントは２つ。載っている雪の量がそもそも少ないか、雪の量は多いのに倒れていないか、です。前者は何かしらの理由で雪が積もりにくい木である可能性、後者は雪の重みに負けない木である可能性があります。ずっとその傾向が続くのかどうか、その後も年々の経過を見ていきます。

雪の多い他県の苗木もたくさん試しました。「これは絶対にいいから」と他県で雪に強いと勧められた苗木は、栗本さんの山では目立った成果は出ませんでした。そうやって地道な調査と実践を繰り返したのち、ついに「重太郎スギ」と命名する苗にたどり着きました。重太郎スギは木に雪が積もりにくいタイプで、最大の特徴は後述する「木おこし」の作業がほとんど不要なほどの強靭さをもっていることです。

9 木が育つ環境づくり

栗本林業では重太郎スギはじめ、いろいろな母樹から育てた自前の苗木をもちろん植林しましたが、1950年代後半からの二十数年間、植林の要請はすごいものがありました。とても自前の苗だけでは追いつかず、購入した苗木もたくさん植えました。

植林の前には植える場所を覆う枝や落ち葉をまとめる「地《じ》ごしらえ」をします。慶一さんのところでは昔、炭焼きをしていたときの合間仕事で植林をしたなごりがありました。炭窯は木を伐る場所よりも低いところにつくり、材を引っ張りおろします。そのとき、上から下へ縦の道ができるため、地ごしらえもその道の線に沿うように、枝葉を山に対して縦のラインで積むのが習慣でした。

これを一般的な平行積みのやり方に変更したのは、1970年代に続いた豪雪がきっかけでした。枝葉を横積みにすることで、雪が流れ落ちるのを少しでも止める効果があったからです。

■植え方で決まる木の一生

地ごしらえができたら、穴を掘って苗木を植えます。苗木の根がのびのびと広がるぐらいの穴を掘り、さらに土をほぐすのが栗本林業のやり方でした。根の生長のためです。早く、しっかりとした根を張らせることが、雪に強くするためにも、その後の木の生長をよくするためにも要《かなめ》だからです。それには、穴の大きさとふかふかの土が大事でした。最初の植林でおざなりなことをすると、それは木の一生を左右すると考えました。

しかし、このようにていねいな仕事をすると、1日に植える本数には限りがあります。当時、周囲では1日400本などという数が植えられる中、慶一さんたちの1日の目標は200本でした。栗本林業では、植林の仕方で根の生長がどのように違うか、数年間苗木を掘り起こして根の状態を見る実証もしていました。

数多く植えるやり方は、クワを土に一度入れ、そのクワを持ち上げただけのすき間に苗木を押しこめる方法です。根が広がる空間はありません。その場合、ダンゴ根と呼ばれる固まった状態になりやすく、生長は芳しくありませんでした。

根の生長具合を比較検証（写真提供／栗本慶一氏）

■自分の山でなくてもツル切り

植えた苗木には 10 年ほど、下刈りという、苗木以外の植物を刈り取る作業をします。他の植物が苗木の生長を妨げるからです。慶一さんが家業に入って数年は柄《え》の長い大ガマを使っての作業でしたが、その後、刈《か》り払《はら》い機という機械が登場し効率が格段に上がりました。

とくに木の根元部分に草木が茂っていると「蒸れ」が起きます。この蒸れは木を弱らせるので、根元はていねいに刈ったそうです。木にからみつくツルも下刈りのときに切りますが、山に入るときにはナタとノコをつねに携帯し、見つけたときには切るのが当たり前でした。それも、自分の山だけでなく、山に出かけた際に目につけば、人の山のツルも切っていたそうです。当時はそれが当たり前でした。

10 雪との攻防

雪が木に与える影響は、一度に大量に降ったときばかりではありません。少しずつでも降り積もると、次第に雪は重みで下を押しつぶし、さらに、斜面ゆえにずり落ちていきます。これを沈降圧《ちんこうあつ》といい、これが苗木を押すのです。

押すだけでなく、引っ張りもあります。日中の暖かさで雪が徐々に融けてだんだん重くなり沈み込んでいくとき、下枝がまき込まれて引っ張られる形になるのです。

1970 年代は何年かおきにドカ雪に見舞われるということが続きました。それが父、重太郎さんを雪に強い苗木づくりに熱心に取り組ませた背景です。

■倒れた木を起こす重労働

こういう雪の多い地方の森づくりでは、「木おこし」という作業をします。春に雪が融けると、雪で倒れてしまった木を引っ張り起こして固定するのです。これも下刈りと同じぐらいで 10 年、場合によってはもっと長く続きます。とくに、木が幼い植林後 5 年ぐらいは、一夏たてば腐るような素材のひも――昔はワラ、その後ジュート――で縛ります。次の冬の雪の間は、再び倒れるようにするためです。

幼い若木は柔軟性があるので、雪にさからわせず倒れさせ、雪がなくなったら起こして元に戻してやる方がよいからです。6年目ぐらいになると、腐らないビニールひもで通年木を固定するようになります。アンカーにするのは植林木の一段上にある雑木の切り株です。なければ上の段の植林木の根元を借ります。

木を起こすときに縛るのはできるだけ根元に近い位置です。ただ、根曲がりを起こしかけている木の根元近くを起こすのは大変力がいります。逆に木の頭に近い部分で縛って、引っ張り上げるのは楽ですが、その場合は縛ったところから上が折れやすいので、なるべく低い位置で起こすのがポイントです。

体力と手間の必要なこの作業は、よその業者に頼むと植林同様に手抜き仕事になることの多いものでした。しかし、木おこしが中途半端だと、どうにも使えない材となってしまいます。それゆえ、木おこし作業の軽減は重要なテーマでした。

20 年生の木ともなると、起こすにはハシゴを使った（写真提供／栗本慶一氏）

■木おこしをしなくて済む方法

重太郎スギは人工的に育てた苗木にもかかわらず、ほとんど木おこしのいらないしなやかな復元力をもち、その植林地では木おこしがほぼ不要でした。

また、岐阜県の雪の多い村で木おこしをしないで林業をやっている林家があると聞いて、慶一さんは研修に出かけましたが、こちらは雪が融け始めるときの引っ張りに対する対策でした。苗木の下枝を切って引っ張られにくくするのです。

ただ、下の枝は最も張りが広く、苗木の成長にとって大事な枝なので、やみくもに切ればいいというものではありませんでした。このバランスを見ながら切ることで、確かに融けて引っ張られる害を減らすことができました。

ちなみに、1974 年の豪雪のとき、慶一さんの山では 16 万 5000 本の木が雪に倒れました。これを 7 人の従業員、父重太郎さん、慶一さんの 9 人で 3 カ月かけて全部木おこしをしたのが栗本林業の「最高記録」です。

11 間伐と抜《ぬ》き伐りの違い

下刈りと木おこしは「(植林後)10 年はきっちりやらんとなりません」と慶一さんは強調します。さらに、「とくに木おこしはやり方が中途半端ではその後が台なしになってしまう」と。そういう手間のかかる 10 年間を無事に育った木は、まずは第一関門突破、というところでしょうか。

■戦後広がった短伐期《たんばっき》の森

下刈りをしなくなって数年後、植林から数えて 15 年目ぐらいにはさまざまな広葉樹が育っているので、植林木を邪魔するこれらの木も伐ります。また、生長の良くない木、形の良くない木、いわゆる不良木《ふりょうぼく》と呼ばれるものも伐ります。除伐《じょばつ》と呼ばれますが、この時点では刈り払い機で刈れるので下刈りの延長のような感じです。

その後 20 年目ぐらいまでに 1 度目の間伐をします。木の生長によって林内が込んできたときに本数を減らす間伐は、木 (正確には枝) と林内にどう光が届くようにするかが鍵となる作業です。慶一さんのところでは、その後 7 ～ 10 年おきに間伐をします。

100 年を超す大木の伐採をする慶一さん
(写真提供／安曇川流域・森と家づくりの会)

栗本林業では 2 通りの森づくりがありました。1 つは短伐期の森づくりで、一斉に植林して通常 40 ～ 50 年で一斉に伐る (皆伐)、戦後指導されてきたやり方です。雪の多い朽木では木の生長がよそより遅いので、60 年で柱材に育てることが目標でした。この場合、前述の 20 年目までに 1 回目の間伐をし、35 年目までに 2 ～ 3 回の間伐をして本数を調整していく形でした。1ha 当たりに 2500 ～

3000本植林した山を、最終的に植林時の3分の1の本数にまで減らしていく方向でした。

■ 100年サイクルの伐り方

一方、昔からの森づくりは100年以上かけて育てるものでした。こちらも本数の調整は必要でしたが、戦後の植林のように広い面積で一斉に植えるものではなかったので、1回に同じ仕事が大量に必要なものではありませんでした。大事なのは、決められた本数を減らすことではなく、それぞれの木に光が届いているかどうかを見て、込み合っているところは減らす、ということでした。

こちらの森も35年ぐらいまでは育成中ですが、それを超すと少しずつ木を選んで伐って出荷しました。この伐り方は「抜き伐り（択伐《たくばつ》）」と呼ばれ、手入れにもなるけれど、収獲であり、一度に木がなくなる皆伐と違って森にかかる負担も少なくて済みます。

また、戦後の一斉植林地では地《じ》スギ（地元の天然の母樹の苗木）でなかった木の場合、2004年の大雪で大被害を受けました。若木の段階ではなく、すでに30年、40年という木が折れたり割《さ》けたりしました。

そういう経験があって現在では、これら戦後の植林地のうち被害を受けずに残った場所についても、当初の60年サイクルを変更して昔からの100年以上のサイクルに徐々に移行させるようになっています。

12 枝打ちの効用

山の仕事の中で、慶一さんが最も好きな作業は枝打ちです。木がさっぱりときれいになるのがたまらないと言います。材にしたとき枝跡の名残りである節《ふし》が表面に出ないようにしたり、生長を制御して年輪幅を調節したりするために行う作業ですが、確かに枝打ちには木のみならず、やる人の気持ちもさっぱりさせる効果があるように思われます。

今では住宅のスタイルが変わったために木の節はあまり問題にされませんが、昔は節の量によって木材の価格が左右されました。特等品が無節材《むぶしざい》です。以下、ランクが下がるごとに節の量が多くなる、といった具合です。

これらは柱が見える「真壁《しんかべ》」という壁の住宅が一般的だったために共有されていた評価でしたが、柱が見えない「大壁《おおかべ》」と呼ばれる壁にクロスを貼ることが一般化し、節があっても構わないという流れが加速しました。

木と相談しながら枝打ちする慶一さん
（写真提供／今城克啓氏）

節の少ない材への需要自体が減るとともに、外国の材が安く大量に入るようになりました。林業は不振となり農山村の過疎化も進みました。枝打ちだけでなく、手入れ全般が滞っていきました。

■木の都合　人の都合

栗本林業では雪対策のために15年生ぐらいまでの木は下枝を切っています。いちばん下の枝から50cm上まで切るものもあれば、1m上まで切るものもあります。その場の雪や木の生長の具合によって対応が違ってくるからです。

慶一さんの基本姿勢は「木の状態、

山の様子を見て作業をする」というものですが、これが林業の補助金とうまく合わないのが頭痛の種です。林業では作業によって補助金が出るのですが、せっかくの制度を使いたいと思っても、木の状態に合わないことがしばしばだと言います。

たとえば、枝打ちに補助金が出る条件は、木の一番下の枝が 2mの高さになったら、その 2 m上まで（つまり樹高 4 m のところまで） 1 回で打つこととされています。

しかし、慶一さんは「一度に 2m も一気に枝を打つのは木に負担がかかりすぎや。50cm 〜 1m 以内が木のためにはええです」と言います。枝打ちは見た目にはさっぱりときれいになるし、材の価値が上がっていいことづくめのようですが、木に傷をつけていることを忘れてはいけないのです。だから、作業の鍵はいかに切り落とした跡が早く回復するかにかかってきます。

■用途によって違う切り方

そのため、以前はナタを使っていましたが、動力がついた背負式のチップソーという機械が出てからはそれを使っています。これだと癒合《ゆごう》(傷口が閉じること) が格段に早いそうです。

また、枝の付け根（幹との接点) がコブのように盛り上がることがよくあります。これをコブの上から切るか下から切るか、すなわちコブを残すかコブごと切るかで、しばしば論争になります。

慶一さんは、「みがき丸太のようなものはできるだけ細いうちにコブの下から打った方がええですし、一般的にはコブの上から打った方が木のためにはええです。形成層が早く戻りますんで」と使い道によって分けています。

13 山の人生の転機

慶一さんが「木の都合、森の都合で仕事をする」ことを方針にすえるようになったのには、きっかけがありました。もちろん、代々森を引き継いできた家で、幼いころから祖父や父の仕事を見て育ったので、木を単なる商品として見るという姿勢はもとからありませんでした。あらためて言う必要もないほど、栗本家ではずっと木の都合、森の都合が仕事の基盤でした。

しかし、重太郎さんが栗本林業を興してから、慶一さんが家業に入ってしばらくのころまで、日本は戦後の復興とそれに続く高度経済成長のただ中でした。林業は伐採と植林で山ほど仕事があり、空前の活況に沸きました。栗本林業でも、後から振り返れば、木の都合、森の都合ではなくなっていたこともあるそうです。

立ち止まるきっかけは、ケガでした。1988年の冬、現場で焚き火に当たっていて防寒具に火が燃え移り、大やけどを負ったのです。3カ月の入院が、慶一さんに振り返る時間をもたらしました。家業に入って20年、39歳のときでした。

■農山村の変化と林業の不振

その20年の間に、農山村では大きな変化が加速しました。過疎化と高齢化、農林業の不振と停滞です。林業では1980年にスギ22707円/㎥、ヒノキ42947円/㎥と山元立木《やまもとりゅうぼく》価格（山に立っている状態での木の価格）が過去最高を記録した後、戦後ずっと上がり続けた価格が下がり始めます。ヒノキは90年前後に一度少し回復しますが、数年でまた下がり続けて今に至っています。

天然スギと広葉樹が混ざり合う朽木の天然山
（写真提供／今城克啓氏）

ちみなに2006年の山元立木価格はスギ3369円、ヒノキは10508円まで下がっています。

一方、今はなかなか上がらない労働賃金ですが、戦後から高度経済成長時代は毎年大きく上がりました。山の手入れが充分にできたのは、木の値段が安くならず人件費は高くなかったからですが、その人件費がどんどん上がりました。

ところがその一方で、木材は不足しなくなっていきます。外国からの輸入材が飛躍的に伸びて需要を満たしていったからです。

■ゼロか 100 ではないやり方

ふり返ってみると、変化は多岐にわたることを慶一さんは思い出しました。子どものころ、大木を載せたトラックを毎日見ていたとき、集落は働く人で活気があったこと。高校を卒業して戻ったとき、奥山の大木は多くが伐られ、そして働く人はもちろん、集落の人も少なくなっていったこと。それ以後、どんどん村を離れる人が続いたこと……。

「雑木がお金になるんでみんな沸いたんやけど、売ってしまったら町に働きに行かんならん。でも、それを繰り返したら人は山に定着しませんし、人のおらんところでは山は守れません。そう思って昔のやり方をふり返ってみると、ここは天然山《やま》（朽木では天然林ではなく天然山と呼ぶ）、天然スギをベースにして成り立ってたんやなあとあらためて思たんです。つねに山に蓄積 (材になる木) があって山に負荷をかけへんやり方です。戦後の人工林 (一斉植林・皆伐) はゼロか 100 のやり方です。その繰り返しではやっていかれへん」

そう考えて、ご先祖たちがやってきた森づくりを見直し始めたのです。

14 木のリズム　山のリズム

「木のリズム、山のリズム」という表現も慶一さんはよく使います。意味は「木の都合、森の都合」と同じです。どちらも戦後の一斉植林・皆伐という人工林のつくり方と対比させるときに使っています。そちらは「人間の都合、お金の都合」になってしまっている、と。

「(88年のケガでの) 入院中、これからどうしようかといろいろ考えました。木材の値段も下がってましたし、そのころは7人いた従業員も2人になって、それも月に10日ぐらい手伝いに来てもらう感じやったんですが、入院で自分が現場行けんようになったのを機に辞めてもらいました。これから1人でどうやっていくか、退院後も1年間考える時間にしたんです」

■天然と人工の違い

そのときあらためて気づいたのが、朽木の天然スギは手間も経費もかかる木おこしをしなくてもまっすぐ育つことでした。もちろん、根曲がりは起きます。しかしそこを除けば、天然スギは人工スギよりも美しい材になります。

どうして木おこしがいらないのかと言えば、そのカラクリは雪に逆らわないことでした。

「天然山のスギはコシができて強くなるまで雪に逆らわずに寝てるんです。それがあるとき、ガシッと起き上がるんです。そうなるともう雪には負けへんのです。そやからその後まっすぐに育ちます」

そう慶一さんが語ったとき、起き上がるスギの姿が目に浮かぶように感じられました。

スクッと立ち上がり、まっすぐ伸びた天然スギ
(写真提供／今城克啓氏)

そこに気づいてみると、木おこしがいらないだけではありませんでした。種とりから始めれば15年以上続く初期の大変な手入れは、天然のスギではどれもまったくされていないではありませんか。もちろん、そこに経費もかかりません。難点は1つ。生長の遅さです。

「同じ高さのスギだとすると、人工スギが10年でなる高さに天然スギは30年かかってようやくなります」

人工のスギはスタートダッシュ型なわけです。

■自然に頼ればいい

確かにゼロから一斉に森を育て、40年とか50年で皆伐する場合、この初めの生長の早さは利点です。しかし、100年以上の長い期間の中で、少しずつ収獲する昔からの林業ならば関係がないことに慶一さんは思いいたりました。

そういう目であらためて森を見たとき、自然のもつ力は感嘆することばかりでした。本来の山のリズムに人間が合わせさえすれば、朽木の山は営々と立派な針葉樹が育ってくれました。しかも、多様な広葉樹とともに。「1人でどうやって山を維持していくか」という課題を抱えた慶一さんにとって、それは本当に恵みに思えたそうです。

こうして勉強に専念した1年の後、慶一さんは皆伐をやめました。植林は基本的に天然下種《かしゅ》更新(種が落ちて自然に育った木をその後手入れして森にする方法)か、祖父のように「たくり苗」などを使うだけ。そうして択伐(抜き伐り)で手入れと収穫をしながら森づくりをしていくことにしました。

15 昔の山　今の山

なじんでいる場所、ずっとやっている仕事では、毎日の連続が視点を固めてしまうことがよくあります。病気やケガは、休息をもたらすと同時にしばしば転換のきっかけになってくれることがあります。

慶一さんも、その経験者でした。1988年のケガによる入院をきっかけに、慶一さんは農林業を営みながら朽木に暮らすことに心から喜びを感じるようになり、「ほんまに贅沢やなあと思います」「田舎の暮らしは楽しい」と語れるようになっていったのです。

そうして何の補助金もなく、経費も手間もすべて自前だった明治・大正・昭和初期という祖父たちの代の方が今よりもずっといい山ができているのはなぜかと考えずにはいられなくなりました。

補助金自体が一方的に悪ということではありません。実際、慶一さんの山でも作業に対して補助金をいろいろもらっています。しかし、補助金でさまざまな山の作業を進めさせようとしたことによる弊害が、結果的にいい山ができなかったことの一因にあると慶一さんは見ています。

■機械的な森づくり

「そもそも人のマネはあかんのですね、山は。自分の頭で考えなあかん。昔は、それが当たり前やったと思うんです。みんなそれぞれに自分の山を工夫して育ててたと思います。それが戦後に行政がさまざまな指導を始め、補助金を出すようになって自分で工夫せんようになりました。言われたようにやる、補助金の枠の中でやるようになってしもうたと思います」

そう語る慶一さんが一番感じている問題は、木と山をよく見ることなく、機械的に森がつくられるようになったことです。

たとえば、苗木。似たような雪国でいい苗とされているものが、朽木に持ってくるとその効果を発揮できなかったように、「自然のもの」である木を育てるとき、どうしても気候風土や地形、木を育てる土壌の質など、さまざまな環境の変化で木に違いが出ました。

どんな違いかをきちんと見て、それに応じて山によりよいように工夫して働くのが、慶一さんが先代たちから引き継いできたやり方でした。しかし戦後の林業では、補助金や行政の一律の指導に従うやり方が当たり前になっていきました。

■家業の一部か専業経営か

「昔は家業の一部として山を守《も》りしていたのを、戦後に行政の指導で専業としてやるようになっていったこともあるんやと思います。戦後の拡大造林は、一時期に大面積の森づくりをやりますから、専業でできる仕事にすれば山村にもええと思うたんかしれません。でも、昭和 40 年 (1965 年) すぎから村に人手がなくなっていきました。他にもっといい稼ぎがあるからと引っ張られていくようになったんです。そういう仕事は賃金としては山で働くより安くても、なんというても年間の仕事で安定してたんです。そこからどんどん離村が始まって人が減っていきました」

この話の背景には、なんといっても戦中・戦後に木を大量に伐っていたということがあります。

災害防止と、将来の資源を育てるという緊急の国家的要請から、当時は植林が強く唱えられました。そのための仕事が山村の雇用の場になるならば、一石二鳥だと考えられていたのではないでしょうか。しかし皮肉なことに、山村の人びとは違う仕事へとどんどん移ってしまい、その勢いは止まりませんでした。

そうはいっても、手入れが一度に必要な大面積の森づくりは、日本全国でスタートを切ってしまっていました。働く人がいないからやめた、というわけにはいきません。なんとか手入れを続けるための策として、たくさんの種類の補助金の提供が行われるようになりました。

これらの補助金や、賃金を得るための割り切り仕事として手入れが行われた結果、慶一さんが言うように自分で考えたり、工夫するという大切な心がけを失くしていくことになったとしたならば、なんと残念なことでしょう。

■山に対する気持ちの有無

ちなみに、父、重太郎さんが栗本林業を始めたときは、祖父の力平さんまでの森づくりとはすでに違っていました。皆伐して一斉植林という、戦後林業のやり方もたくさんしています。

「祖父は反対しとりました。そんなやり方は後々 (の手入れ、つまり経費も) が大変なこと、よう知ってましたから」

伐採前に祈る慶一さん（右）と研修に来ていた今城《いまき》克啓《かつのぶ》さん（本章⑰参照）
（写真提供／安曇川流域・森と家づくりの会）

そんな祖父と父の考えの違いはあったそうですが、やはり時代の勢い、そして重太郎さんの代となっていたので家業の一部というやり方から専業へと変わったのです。

しかし、重太郎スギの開発に見られるように、重太郎さんはつねに山の状態に合わせて実証・研究を怠らない人でした。

たとえば、一斉植林でも重太郎さんは根張りの強い広葉樹を大切にしました。盛んに「広葉樹を残さなあかん」と言っていたそうです。経験的に「表面の土をつかむもの、底の方をつかむもの、いろいろな木が山には必要や」と考えていたからです。

そして、スギと何種類かの広葉樹の枝を１本ずつそれぞれコップにさしてどれが水をよく吸い上げるかの実験をしたりもしました。その結果から「広葉樹の方が水を吸い上げる」と実感して、山の保水力のためにも広葉樹を大切にしていたといいます。

もちろん、植林後の初期段階は苗木が広葉樹に負けないように刈りますが、その後はやみくもに植林木以外はみんな刈ってしまうというようなことはありませんでした。

戦後の拡大造林でつくられた人工林がしばしば批判されるのは、それとは反対に植林木しか育っていないことが挙げられます。生物多様性の低さ、災害に対する脆弱さなどが理由ですが、重太郎さんの例を聞くと、単に拡大造林の人工林はみんなそのようになるわけではなかったはずなのに、と思えてきます。

「父は祖父たちが育ててくれた山を引き継いだし、人の山もたくさん伐らしてもろたし、それらいろいろを自分は自分で山に返さんならんという気持ちが大きかったと思います。山で稼ぐいうよりは、他で稼いで山に注ぐ、いうようなところがありました。結局、気持ちが山に対してあるかどうかの違いになるんやと思うんです」

こうした慶一さんの分析は、代々山を継いできたからこその「気持ち」なのかもしれません。

仕事として割り切ったやり方では、効率よく仕事ができる森のつくり方をするのが当たり前になっていきました。それが「人の都合、お金の都合」なわけですが。

16 1人での山守《も》り

慶一さんが1人で仕事をするようになって2009年で20年がたちました。このやり方が可能なのは、前にも出てきましたが、手間が集中する初期段階を「自然に頼る」からです（本章⑭参照）。天然山のサイクルに合わせて、天然下種更新で実生が育つのを待ちます。

しかし、一斉に植林した森も所有面積の半分（150ha）ありました。そのうちの100haが戦後の拡大造林です。50haは戦前からの100年ぐらいまで育てる「人工林」でした。つまり100haは、手入れをする場合には一時期に人手が必要な状態でした。毎年まとまった面積で植林していたので、同じ手入れが必要な面積が大量にあります。現在も、間伐が必要な20年生ぐらいまでの若い人工林が少し残っています。

■ときには人にも頼る

1989年に1年の充電期間を終えて現場復帰したときは、まだまだこれらの人工林には若い育成段階のものが多くありました。集中した作業が必要な時期は、地元の森林組合や個別に人に依頼することで乗り切ってきました。今も20年生の森にはこれが必要です。

ちなみに、日本中の人工林で現在も間伐が叫ばれているのは、本来やる必要のあった35年までの2～3回の間伐が大幅に滞ったからです。なにしろ必要な時期が重なっている植林地ばかりだったので、林業で働く人が激減し過疎化が進む山村では一部しか間伐できなかったのです。初めて人工林を育てることになった人たちには、間伐の重要性がよくわからない、ということも一面にはありました。

慶一さんは大面積同年齢の人工林に対し、一時期に必要な手入れは外部に依頼しながらなんとかやってきました。それでも大方の山は下刈り、木おこし、間伐などが済んでいるので、ときに外部に頼りながらもその後の山守りがなんとか1人でも可能になったのです。

■山の仕事の現状

しかし、外部に依頼しての仕事には大きなストレスがつきまといました。慶一さんに言わせれば、「悪気はないんやろうけれど、あまりになんも知らんのです、

大木の伐採後、出すための準備をする慶一さん（写真提供／栗本慶一氏）

山のことを」という場合と、「わかっていてもひどいやり方」という場合とがありました。いずれの場合も、業者が独占的に仕事ができる状態では、地元の人間としては選びようがない、というのが辛いことでした。

慶一さんのように所有者が自ら中心になって山の仕事をするのは現代では少数です。小さい面積でもやれない人が多い中、まとまった面積の場合は物理的にどうしても外に依頼する必要があります。そして、それは次の世代にはさらに進行すると予測されるため、「山を守《も》りしていくには、どうしても働く人間の知識と技術が向上せんことには……」と慶一さんは危機感を感じてもいます。

17 森と家をつなぐ

この数年、慶一さんが熱心に取り組んでいるのが森づくりと家づくりの連携です。といってもスギは建築材として育ててきているので、家づくりが仕事と無縁だったことはありません。若いころ、丸ゲタ材探しに山をかけめぐったり、変わりダネの材探しをしたのも、すべて家づくりのためにしてきた仕事です。

しかし、「自分の家のつもりで」かかわるような仕事の仕方ではありませんでした。それは林家としては当然でした。林業は森を育てる部門、伐って売る部門、という具合に分業と外部委託が進んでいました。そのため植林から伐採、さらに注文に合った丸太にして出荷するところまで、個人で多段階の仕事をこなすのは少数派でしたが、慶一さんは以前からそういう少数派ではありました。

■それはクマ被害から始まった

そういう流れの中でも、現在の取り組みは特別なものでした。発端をつくったのは 2003 年に慶一さんのところで研修していた今城克啓《いまきかつのぶ》さん（滋賀県職員）です。当時、朽木一帯では獣害《じゅうがい》が深刻になってきていました。朽木に限らず、クマが木の皮を剥ぐ、シカが苗木はじめ、ありとあらゆる下層植生を食べつくしてしまう、ということが全国的に年々深刻化しています。このときも慶一さんの森の 90 年ほどのスギがクマにやられました。

クマの鋭い爪と歯で傷ついたスギは、腐って材としての価値がなくなります。被害木なので市場に出しても本来の価値の何分の 1 以下の扱いしかされません。しかしみすみす腐らせるのはしのびなく、慶一さんは伐採することにしました。

この一連をともに過ごした研修生の今城さんは、その材を買って自身の家を建てることを思いつきました。代々の森づくりの話を聞いてきたので、慶一さんの悲しみは他人事ではなくなっていたのです。

木が家になるまでには多くの段階があります。製材、設計、大工などなど、この家づくりをきっかけに地域の木、森に思いをもつ人たちがつながりました。そして、慶一さんはそこで再び大きく目が開かれる経験をしたのです。

慶一さんの材を使った家の玄関。
根曲がりが梁の強度を高め、ゲタ箱（右手）の扉のデザインに生かされている
（写真提供／安曇川流域・森と家づくりの会）

■コラボレーション

「（木を）製品として挽《ひ》いてみることが山づくりや玉切《たまき》り（丸太を短い材にすること）、搬出の仕方に生きてくるんやと、かかわってみるまでわかりませんでした。そうして、山にはほんまにいろんな木があり、個性がすごくあって、その個性を生かす家の場所があるんやと初めて知りました」

家づくりの現場は発見の連続だったそうです。加えて、大工や設計士など異業種の人たちとの仕事では、互いが影響を受け合う醍醐味を味わいました。

「大工さんも目の前に材料があるから発想が膨らむし、私は家の現場を見て、ああ、ここならばあの木が使える、と山では気づかへんかったことに気づいたんです」

そう話す慶一さんの言葉には弾みがありました。

この家づくりをきっかけに「安曇川流域・森と家づくりの会」（代表・宮村太《ふとし》氏）が発足します。慶一さんは木材を出す森の側の中核メンバーとなりました。

18 村の暮らしと森の変貌

高島市の市街地を離れて朽木の慶一さんの家に向かって県道を走ると、植林地を多く通ります。それらの木立の間を走るので、狭い谷のような印象をもちますが、その景観は40年ほど前まではまったく違うものだったそうです。

「道の両脇は田んぼやったところが多いんです。昔はその後ろは草刈り場、それからホトラ山、その奥に薪炭林《しんたんりん》というような感じやったので、遠くまでよう見えてました。それが変わったんは、減反政策が始まって、転換作物としてこの辺ではスギの植林をしたんです。後から思えば、あのとき別な作物をつくるように努力すればまた違ったんやろうなあと思うんです」

田んぼにスギを植えることによって朽木のスギと集落の双方にもたらされた影響について、慶一さんが話してくれました。

■田んぼで育った黒いスギの悪評

戦後、機械化や肥料、農薬の開発などで米の収量が大きく向上しました。ところが食事の欧米化で米離れが始まります。国は生産調整として米から別な作物に切り換えると補助金を出すようにしました。1970年のことです。別な作物の中に

一見普通の植林地、じつは元《もと》田んぼ（写真提供／今城克啓氏）

スギが入っていました。

当時、植林は大いに奨励されていました。スギは植えた後、何十年も先の収穫ですから、「永久転作」といって補助金も高かったのだそうです。そのため、朽木では多くの田んぼにスギが植林されました。

しかし、植林後は手がかかる一方（つまり経費がかかる）で収入になりません。もし毎年収穫する作物を地域で努力して新しい朽木の農産物としてつくり出していれば、集落はここまで人が離れずにすんだのではないか――。慶一さんはそう思うようになっていました。

さらに、田んぼに植えられたスギは田の肥料のせいか生長はやたらよいものの、材は黒っぽくなってしまいツヤのないものになりました。それが朽木のスギの評判を落とすことにもなったと言います。本来の天然スギはもとより、地元で昔から育てている地スギ材は美しいのに、「朽木のスギは黒いからだめだ」と言われるようになってしまいました。

■山に暮らす人が減ると……

慶一さんが若いころまでは、村の寺やお宮の修復、村の緊急時には村の山の木を換金したり、その材を使ったりして対応していました。そのため「村山」と呼ぶ共有の山をみんなで植林、下刈りするなど手入れをして育ててきたのです。

「その作業で若い世代と年長者の交流でいろいろ学べたんです。こうしたらええんちゃうかとか。技術や知識だけやなしに、そういう作業で村の人の気持ちも1つになってたんやと思います」

こうした作業は今もありますが、村の共有山を守る人が離村でどんどんいなくなりました。また、村を離れる人たちは、自分の持ち山の木を売っていきました。新たに植林はしません。「山に暮らす人が減ると川の水が減る」という言い伝えが朽木にはあるそうですが、人と森とのかかわりがなくなったときの変化の表れなのかもしれません。

19 山で暮らし続ける工夫

離村の激しかった時代は確かにずいぶん昔になりました。しかし、今も静かに人は減っています。慶一さんは「山は、そこに暮らす人たちがいなければ守れない」と考えるようになったので、暮らし続けられる工夫をしています。

■有機農業で米づくり

朽木は琵琶湖に注ぐ安曇川の源流域です。源流を守るために農薬が流れないように有機農業で慶一さんは米づくりをしています。そして現在、集落のみんなでやる事業にしようとしています。田んぼに欠かせない水。昔は集落のみんなが田んぼをしていたので、水の大切さは当たり前に共有されていました。

今でも大切さを知ってはいます。ただ、昔のような切実さでそのことを思う機会は減ってしまったし、なによりつくる人が激減しています。しかし、今この地域に暮らす人たちが、これからずっと暮らしていけるようにするには、生活の基盤としても、やりがいとしても、みんなで気持ちを合わせて地域の自然とともにある仕事が大切だと慶一さんは考えたのです。それを形にしたのが、集落で取り組む米づくりです。

そして源流域の水を守る大切さを多くの人に伝えたいと考えています。

■住み手の喜ぶ家づくり

新たな目を開かせてくれた家づくりにも、もっと深くかかわろうとしています。

「あそこにはこんな木が使える、というものがいろいろあって、それを自分で製材してみようと思うんです」

ある場所で使われていない製材機がありました。それを借りて、これはと思う木を自分で製材することで、山の木がもっと多様に家に生かされるようにしたい、と考えているのです。

「この家づくりにかかわるまでは、やはり自分の山づくりは財産づくりのような育て方やったと思うんです。でも、誰かに使ってもらって、木は最終的に誰かに喜ばれるために育ててるんやと思たんです。それまで山に捨ててたもんが、家づくりにかかわらせてもろてそれらに命が吹き込まれるようでした。自然のものは

山から街へとつながる１歩目は搬出から（写真提供／栗本慶一氏）

まったくムダがないんやなあと思いました」

そう言って慶一さんは目を輝かせました。

育てた木が目の前で製材されるときのドキドキワクワクが衝撃的だったと言います。丸太のままでは、育てた木の価値の実際はわからないことにそのとき初めて気づいたそうです。「心臓にも悪いんやけど」と笑いながらこう加えました。「自分の山の木で、街にまた森ができている感じがします」と。

栗本慶一さん。60歳。地域に根ざし、山を守り続けるための工夫が、新たな出会いと創造を生み、そのことに感謝し続けていました。

「木のこと、山のこと、本当に知らんのやなあとつくづく思います。知っているようで知らんのですね。死ぬまでに少しでも知りたい、その一心です」

そういう気持ちで森にかかわる人が増えるならば、日本の森はどんな姿を見せてくれるようになるのでしょうか。

エピローグ

■あの森は、どんな森？

電車の窓から、車の中から、あるいは歩きながら。そこから森は、見えますか？いつも見えるわけではなくとも、出かけた先で、道中で、緑なす山々が目に入るのは日本ではごく見なれた当たり前の風景です。

しかしそういう風景は、世界の中では当たり前ではありません。日本でも、これほど山が木々に覆われているのは、江戸時代以降のこの400年ぐらいの間では初めてではないかと推測されています。

森は今の日本では当たり前にある反面、私たちの暮らしは森との直接的な接点がほとんどなくなりました。だからでしょうか。森の中身に思いをめぐらし、具体的に考えることが難しくなりました。

でも、この本を読み終えたとき、少しだけ違った目で森を眺めていただけるかもしれません。緑の景色として森があるのではなく、じつはさまざまに姿形、性質の異なる多様な樹木が育っているのだと。それらの森から多くの物資をいただき続けて暮らしてきた長い歴史があったのだと。その森と人との密接なかかわりがまた、森の姿を大きく左右してきたのだと。

■森と人とのかかわり再考

森からの恵みをいただく暮らしは、確かに時間や手間が必要な世界です。

だから、効率よく経済的に機能することが「進歩したよい」社会だとしてきた戦後の日本では、端っこに追いやられていったのでしょう。

育てたり採取することから始まって、素材の木やツルや竹などを乾かしたり、水に浸《つ》けたり。そこからさらに何段階もの加工と、多くの下準備をしてモノをつくっていく生活は、欲しいものをすぐ手に入れる今の生活からは想像が難しく、不便に思えます。

でも、本当に不便なだけだったのでしょうか？

そこでは、そもそも時間とのつきあい方が違っていたのだと思うのです。

たとえば道具を自分の体の一部のようにして使いこなし、道具と自分の手足、いえ、全身を一体化させて使えるようになるという習熟には、長い時間が必要です。

あるいは、乾かす、柔らかくする、寝かせる、などという「待ち」の時間は、人の思いや考えも熟成させる時間になりました。

そして数十年から100年という単位で森を育てる時間のサイクルは、人智を超える働きをつねに含んでいます。

自然のものとつきあうこれらの時間の中には、つねに揺れ動き変化する「いのち」がありました。そうして、私たち人間もその同じいのちをもち、四季を巡りながら日々生きているという実感が、森の恵みをいただく暮らしにはついてまわります。

こういう森の恵みを多様にいただく暮らしの中では、「ありがたい」という、森と森に連なるさまざまなものに対する「感謝」の気持ちが生まれるのはごく自然の流れに思えます。

■新たな森とのかかわりへ

森との直接的なかかわりを急速に失ううちに、私たちは森を環境としての側面でばかり見るようになりました。とくに近年は温暖化防止や生物の多様性などが注目を集めています。

もちろん環境が大切なことは論を待ちません。森を利用するしか生活の手立てがなかった時代には、森の環境は二の次になったこともあります。しかし一方では、日本の森に多様な姿があったのは、気候風土と先人たちの知恵と利用があったからです。森と人、お互いがつくってきた多様さでした。

人がかかわらず眺めるだけの森では、じつはその多様さは生み出されません。過剰な利用ではなく、あるいは単純な木材生産の場でもなく、森と人が互いに豊かであるためのかかわり方が新しく模索される時代になっています。

かかわり方は、もちろん1つではありません。

ただ、遠くから眺めているだけ、名前も姿も知らない、そういうよそよそしさでは、互いの豊かさはつくり出せないことは確かです。

この本が、森に出かけてみたい、森の話を聞きたい、もっと森の恵みをいただく暮らしを知りたい、木の製品を使いたい、そんな「森に近づく一歩」となるものであることを願ってやみません。

索引

参考文献

●1章●

赤羽正春『**ものと人間の文化史 103　採集　ブナ林の恵み**』法政大学出版局、2001 年

井上雅義『**ニッポンの手仕事**』日経 BP 社、2003 年

内山節『**森にかよう道**』新潮選書、1994 年

塩野米松『**失われた手仕事の思想**』中公文庫、2008 年

塩野米松『**木の教え**』草思社、2004 年

奈良県立民族博物館編『**木を育て、山に生きる：吉野・山林利用の民俗誌**』奈良県立民族博物館、2007 年

濱島正士・大河直躬・太田邦夫『**継手・仕口　日本建築の隠された知恵**』INAX 出版、2008 年

森の“聞き書き甲子園”実行委員会事務局編『**森の名人ものがたり**』アサヒビール、2005 年

山崎和樹・編／川上和生・絵『**つくってあそぼう 18　草木染の絵本**』農山漁村文化協会、2006 年

●2章●

赤堀楠雄『**図解入門　よくわかる最新木材のきほんと用途**』秀和システム、2009 年

東京木材青年クラブ『**木材入門**』新林材社、1966 年

成澤潔水『**木材　生きている資源**』（**増補改訂版**）パワー社、1982 年

日本木材加工技術協会関西支部編『**木材の基礎科学**』海青社、1992 年

日本木材総合情報センター『**木材の基礎知識**』（**改訂版**）2007 年

日本木材総合情報センター『**木材の構造・性質と木造住宅**』2009 年

日本林業技術協会編『**木の 100 不思議**』東京書籍、1995 年

木質科学研究所木悠会編『**木材なんでも小事典**』講談社、2001 年

吉見誠・著／秋岡芳夫・監修『**木工具・使用法**』創元社、1980 年

●3章●

日本林業技術協会編『**私たちの森林**』日本林業技術協会、1996 年

畠山重篤『**森は海の恋人**』文春文庫、2006 年

藤森隆郎『**森林生態学　持続可能な管理の基礎**』全国林業改良普及協会、2006 年

林野庁『**森林・林業白書**』（**2001 年まで『林業白書』）各年版**

●4章●

朽木村史編さん室『**なぜ？　なに？　おしえて！！　くつきの歴史**』**平成 17 年 7 月号**

国土緑化推進機構企画・監修『**総合年表　日本の森と木と人の歴史**』日本林業調査会、1997 年

浜田久美子『**森の力――育む、癒す、地域をつくる**』岩波新書、2008 年

森の“聞き書き甲子園”実行委員会事務局『**第 5 回　聞き書き作品集**』2007 年

著者紹介

鈴木京子（すずき・きょうこ）：1章執筆
1968年、茨城県生まれ。フリー記者。『姉妹たちよ 女の暦』（ジョジョ企画）など執筆・編集。2006年より鳥海山麓で農と稼ぎの百姓暮らし。

赤堀楠雄（あかほり・くすお）：2章、3章執筆
1963年、東京都生まれ。林業・木材関係専門新聞社勤務を経てフリー記者。著書に『よくわかる最新木材のきほんと用途』（秀和システム）。

浜田久美子（はまだ・くみこ）：4章、エピローグ執筆
1961年、東京都生まれ。精神科カウンセラーを経て作家。著書に『森がくれる心とからだ』（全林協）、『森のゆくえ』（コモンズ）、『森の力』（岩波新書）など。

企画団体

NPO法人共存の森ネットワーク
「聞き書き甲子園」運営事務局。同甲子園では、毎年100人の高校生が各地の林家、炭焼き職人、木地師など「森の名手・名人」、漁師、海女など「海・川の名人」を訪ね、その知恵や技、考え方や生き方を聞き書き。参加者はその後も運営のサポート、各地の森づくり、地域づくりに活躍している。
URL　http://www.kyouzon.org/

イラスト、表紙デザイン／岩井友子

日本財団 The Nippon Foundation　助成事業　本書は競艇の売上を財源とする日本財団の助成金を受けて作成されました。

基礎から学ぶ　森と木と人の暮らし

2010年3月10日　第1刷発行
2015年3月10日　第2刷発行

企　画　ＮＰＯ法人共存の森ネットワーク
著　者　鈴木京子　赤堀楠雄　浜田久美子
発行所　一般社団法人　農山漁村文化協会
〒107-8668　東京都港区赤坂7丁目6-1
電話　03（3585）1141（営業）　03（3585）1145（編集）
FAX　03（3585）3668　　振替　00120-3-144478
URL　http://www.ruralnet.or.jp/

ISBN978-4-540-09194-0〈検印廃止〉

Printed in Japan　DTP制作／岩井友子　印刷・製本／凸版印刷（株）　定価はカバーに表示
乱丁・落丁本はお取り替えいたします。